Excel ゼロ

小手先のテクニックの前に知っておくべきこと

みっちー

ソシム

はじめに

本書を手に取っていただきありがとうございます。

本書はExcelに対して、次のような悩みや不安を持つ人のために書きました。

「ショートカットや関数は覚えたけど、使うタイミングがあまりない」

「Excel作業をしていると手戻りばかりで、時間がかかる」

「同僚のようにスマートに使いこなせない」

「集計や分析機能をどう使って良いのかわからない」

「見栄えのいい資料を作りたいが、見せ方がわからない」

Excel作業でこうした悩みを感じている人、もっとExcelを使いこなしたいと感じている人は多いのではないでしょうか？

特に、雑誌やネット記事、書籍などで、Excelの便利ワザやチップスを見て試してみて、確かに**便利だけど、使い所がよくわからない**という人を私はよくみかけます。

「Excelを使いこなす」ために一番大切なこと

はじめまして。「みっちー」と申します。

普段はマーケティング部所属のシステムエンジニアとして働くかたわら、SNS「X」でExcelやパソコンの便利な使い方について情報発信をしています。現役で会社員として働く中で聞く、社内外のビジネスパーソンが持つ「Excelのリアルな悩み」に対する答えをストレートに発信しています。お陰様で、現在では5万フォロワーを超えています。

そんな私がよく聞いたり、目にするのが冒頭のような悩みです。これを解消するためには、単発の投稿ではなく、まとまった情報を用意する必要があると思い、今回1冊の本としてまとめることにしました。

Excelは社会に出ればもはや必須ですが、なぜか学校で勉強する機会はありません。ほとんどの人が、社会人になり、必要に迫られてExcelと向き合っている状態だと思います。慣れない操作にイラつき、時間ばかりが過ぎて、気づけば残業の毎日。ストレスを感じて当然です。

そして、作業を指示される上司もExcelが使えないという事実。できない人にやれと言われる理不尽さや、質問できる相手がいない不安で、途方に暮れる人も多いのではないでしょうか。

こうした不安や悩みを解消するために、本書で私が書いたことは単純で、**「Excelを使う正しい順番と、その実践方法」**です。これを理解できれば、Excelはグッと簡単になります。

Excelを使う正しい順番とは？

「なぜ、今さら順番を学ぶの？」

と思うかもしれませんが、そもそも「Excelを使う正しい順番」を皆さんはご存じでしょうか？

「セルに数字を入力して、それを関数で合算したり、参照したりするんでしょ？」

確かにそうですが、本質は違います。この順番を整理すると

① セルにデータを入力する
② それを集計・加工する

となると思いますが、私が考えるExcelを使う順番は違っていて、ざっくり言

うと次の流れになります。

① シート1にデータを集める
② シート2で、シート1のデータを集計・加工する
③ シート3で、集計結果をわかりやすくまとめる

先ほどとの違いは、たった1つで、「段階ごとに分けている」だけです。
果たして、今までExcelをこんなふうに使ったことがあるでしょうか？
詳しくは本書の中で紹介しますが、もちろん細かいテクニックやルールもありますが、基本的にはこれが大原則です。

なぜ分けるかというと、次のメリットがあるからです。

① データの入力、再収集がしやすい
② 手戻りがあっても、すぐ修正できる
③ 見やすい資料を作りやすい

ほとんどの人は1つのシートで、データ集め、加工、見せ方までをやろうとしているのではないでしょうか。
でもそれでは、「データの柔軟性」が損なわれてしまい、どんなにテクニックや知識が抱負でも、結局は冒頭に挙げたような行き詰まりの状態なるというわけです。

一方、段階ごとにシート分けするという「原則」でExcelを使うことで、すべてを解消できるのです。

そして、その原則をベースに本書では、「集計→加工→装飾」の流れを次の5つのルールに従って書きました。

① 入力ミスを減らす最低限のテクニック

② 膨大なデータを思い通りに集計する
③ 実践的なデータ分析の方法
④ 説明不要のわかりやすい表
⑤ 一発で「言いたいこと」が伝わるグラフ

① 入力ミスを減らす「最低限のテクニック」

本書の第3章では、最初に押さえておくべき考え方として、Excelのデータ入力でミスを防ぐ方法を解説しています。Excelのデータ入力は自分自身だけではなく、ほかの人にデータを入力してもらう場面もあります。その時に気をつけたいのが、こちらが意図していないデータの入力や、入力ミスです。データを修正する手間はばかになりません。そうならないよう、入力ミスを未然に防ぐ方法を具体例を交えながら紹介していきます。この章を読むだけで作業効率は大きく飛躍するはずです。

② 膨大なデータを思い通りに「集計する方法」

第4章では、データを集計する方法を解説しています。「データを集計する」と言われても何をどうすればよいのか分からない人に向けて、ピボットテーブルというExcelの機能を使って、集めたデータをどのように集計すればよいのかを具体的に紹介します。

③ 実践的な「データ分析の方法」

データの集計に続いて、散布図というグラフを使った実践的なデータ分析の方法を解説しています。「データ分析」と聞くと難しい印象を持つ人も多いと思いますが、難しい計算はExcelが行ってくれるので安心してください。私たちはExcelの基本機能の使い方を把握しておくだけで、有用なデータを瞬時に得ることができます。

ここで紹介するデータ分析の手法はあらゆる業種、職種、業務内容に応用できるので、ぜひ習得していただきたいです。

④ 説明不要でわかりやすい「表の作り方」

第5章では、第4章で作成した集計表を加工して、誰が見ても分かりやすいと思ってもらえる表のつくり方を解説しています。こう聞くとデザイン（見栄え）のことかと思われるかもしれませんが、違います。分かりやすい表には誰でもマネできる仕組みがあり、その方法を紹介しています。

⑤ 一発で伝わる「グラフの作り方」

分かりやすい表に続いて、見やすいグラフの作り方を解説しています。グラフは作り方を間違えると「何が言いたいのかよく分からないグラフ」や「誤解を与えるグラフ」になってしまいます。そうならないよう、意図を正しく伝えるグラフの見せ方を解説します。

本書の特徴は、第3章から第5章までが一連のストーリーでつながっていることです。そして、紹介する機能はすべて、操作手順を1つ1つていねいに解説しています。第3章から第5章にわたって紹介する機能を通して実践すれば、仕事で本当に使えるExcelの機能を、一連の流れの中で体験できるよう工夫しました。

- ふだんのExcel作業に、何となく効率が悪いと感じている人
- どう改善したらよいのか分からない人

そういう人は、この本にヒントが隠されている可能性が高いです。さらに、

- Excel操作に自信がない人
- Excelの作業が面倒と感じる人
- データ分析をやってみたいと思う人
- 分かりやすい表やグラフが作れるようになりたい人

にとって、本書がレベルアップのきっかけになればうれしいです。

もくじ

第3章

集める

第4章 まとめる

第5章 仕上げる

本書の作業環境について

本書の紙面は、「Windows 10」と「Excel」（Microsoft 365で提供されている2024年1月時点の最新版）を使用した環境で作業を行い、画面を再現しています。異なるOSやExcelバージョンをご利用の場合は、基本的な操作方法は同じですが、一部画面や操作が異なる場合がありますので、ご注意ください。なお、本書は原則Excel2013以降のバージョンを想定し、解説する機能を選別しています。一部機能は旧バージョンでは使用できないものがありますので、併せてご注意ください。

第 1 章

なぜ、Excelは難しいと感じるのか？

「Excelは簡単だけど、なんだか難しい」
多くの人がそう感じているのではないでしょうか？
そして、それは「Excelを使いこなせない原因」になっています。
Excelを使いこなすために、まずはその謎解きから始めましょう！

introduction イントロダクション

「ねこさんもExcelの講義を受けるんだね」

「これからの時代、パソコンのスキルは絶対必要になるからね。特にExcelは、社会人になる前にマスターしておこうと思って」

「相変わらず優等生なコメント」

「そんなコウジくんだって、講義を受けるんでしょ」

「だって、Excelが得意な人って就活で有利な気がするじゃん。知っておいて損はないかなって」

「就活でアピールできるのは間違いないよね」

「新聞で『デジタル人材が不足してる』って記事を読んだんだ。正直、デジタル人材ってどんな人材なのか、いまいちピンとこないんだよね」

「デジタル人材ってどんな人材のことなのか、説明してと言われると、できないよね」

「そうそう。けど、これからパソコンのスキルが必要になるのは間違いないと思っていて、学んでいけば少しずつ分かってくるのかなーと期待してる」

「あ、先生がきた」

「では、授業をはじめます。この講義はExcelを使いはじめて間もない人や、見よう見まねでExcelを覚えた人に向けて、具体的で実践的なExcelの活用方法を一緒に学んでいきます。実際にExcelを操作しながら、その機能が持つ便利さを体験してもらいます」

「Excelを操作しながら、講義が進められるんですね」

「用語や機能や関数を紹介する書籍を読んだりYouTubeを見ても、見終わったら満足して実際に操作はしていませんでした。実際に操作しないとダメですね」

「今日は1回目の授業なので、みなさんがなぜExcelを難しく感じるのか、その辺りを深掘りしていきます。では、はじめましょう」

Chapter 1　この章で学べること

「Excelは見よう見まねで覚えるもの」
と思っている人がいますが、私はそれは間違いだと考えています。

よく考えてみると、**すべてのことには「正しい学びの順番」がある**はずです。そしてそれは、Excelも例外ではありません。
「嘘だ。そんなの誰も教えてくれなかった」
確かに、これまで、Excelには体系だった学習方法がありませんでした。

その結果、見よう見まねで覚えるのが半ばルール化してしまい、
「知らない→できない→苦手」
という負のスパイラルに陥る人が後を絶たないのが現状でしょう。
もしくは、すぐに使えるショートカットや関数を覚えて、その場しのぎでやりくりするけど、また壁にぶつかってしまい、それがトラウマになる――。

本来は、その「前」に、Excelを正しく使うために必要な「基礎的な知識」を学習する必要があったのです。

とはいえ、「今さら改めてExcelを学ぶ必要はあるの？」という声も聞こえてきます。
でも、私の答えは「もちろん！」です。
Excelをきちんと学び使いこなすことができれば、テクノロジーを使う力や数字力が身につきます。昨今はAIの発達が目覚ましいですが、デジタル社会ではまだまだテクノロジーのスキル、数字を上手に操る能力が必要です。
Excelを通じて身につけた力が、仕事や人生でどう活かすことができるのか。そうした点も本章で明らかにしていきます。

Chapter 1 1-1 Excelを難しいと感じるたった1つの原因

「Excelって、なんとなく操作できるけど、よくわからない」
「使えるのは使えるけど、作業のやり直しが多くて面倒」
「操作に行き詰まって、途中でよくわからなくなるので、あまり使いたくない」

こうした声は、X（旧・Twitter）でExcelのことをポストしているとよく見かけますし、似たような質問をDMでよくいただきます。

でも一方で、Xでは私のもとに「Excelをどう学んだらいいんですか？」という連絡がよくきます。そう、**多くの人が、Excelを勉強する機会と、正しい勉強方法を欲している**のです。

多くの人がExcelを学びたい、使いこなしたいと思っている一方で、苦手意識が邪魔をして、**「Excel＝難しい」と感じている。一体なぜでしょうか？**
そもそも、なぜ苦手意識を持ってしまったのか？　実はそこにExcelを正しく学びヒントがあります。そして、その原因を解消できればExcelをきちんと学ぶことができるのです。

Excelへの苦手意識がいつまでもある理由

私は社内セミナーでExcelを教えたり、X（旧Twitter）でいろんな人とやり取りする中で、「Excelに苦手意識を持つ3つの理由」に気づきました。

①学校できちんと学ぶ機会がなかった
②体系だった学びの順番がどこにもない
③いろんな使い方ができるため、最適な使い方がはっきりしない

おそらく、多くの人はこう考えているのではないでしょうか？

「結局、Excelって見よう見まねで覚えるしかないよね」

でも、そんなことはありません。

すべてのことには、**「正しい学びの順番」**があるのです。

国語、数学、英語、体育、料理……学校で学んできたことにはすべて学ぶ順番、段階があります。

もちろん、順番を気にせずマスターする人も中にはいますが、その人たちは好奇心旺盛で分からないことを自分で調べることが苦じゃなかったり、物事の要点を理解するのが得意な特殊な人たち、つまり一部の天才です。

ほとんどの人は、きちんとした順番で体系的に学ぶほうが確実、かつ簡単に使える知識を習得できます。

それなのに、体系的に勉強する機会もなく、社会人になったら「Excelが使える状態」を求められるわけです。

考えてもみてください。アルファベットも分からず、主語や動詞の文法も知らず、何の知識もなくアメリカで生活することになったら、誰でも苦労するのではないでしょうか。つまり、見よう見まねでは何もできないのです。

■ 英語を学ぶ順番の一例

もし運良く、どうにか日常会話なら対応できるようなったとしても、
「私の英語、これで正しいのかな……」
という不安がずっと残っているはずで、それが苦手意識になってしまう——。

この**「知らない→できない→苦手」というトラウマ化のスパイラルが、Excelの世界で平然と起こっていること**なのです。つまり、世の中の仕組みが、Excelを無理やり使わざるえない状況で使い、使えてなくて苦手意識を持ってしまうことで、Excelを使いこなせない人間を大量生産するという仕組みになっているのです。

「すぐ使えるショートカット」よりも、先に覚えたいこと

もちろん、巷にはたくさんのExcel参考書があります。どれもすばらしい内容で、参考になるものが多くあります。

ただし、ほとんどは、ショートカット操作や関数の使い方など、テクニック論に終始しているのではないでしょうか？　結局、そうやって身につく知識は付け焼き刃の知識で、その場では分かったつもりでも、再現性はないでしょう。

もちろん、私もショートカットや関数はどんどん使うべきだと思っています。効率が段違いに上がり、ミスも減ります。
限られた時間で、仕事やタスクをこなさなければいけない以上、効率化もできないようでは取り残されるだけです。

しかし、それらは成果を上げるための正しい知識や基礎があって初めて役に立ちます。つまり、**ショートカットや関数の幅広い知識は、基礎的なExcelの使い方を身につけた上でのプラスアルファのスキル**なのです。

「ショートカットや関数を使うことばかりに熱中し、見よう見まねで使ったものの、思い通りの結果が得られず、Excelが嫌になった」
という経験をしていませんか？　私の周りにはそういう経験をした人がたくさんいます。Excel嫌いは、これが原因といっても過言ではないでしょう。

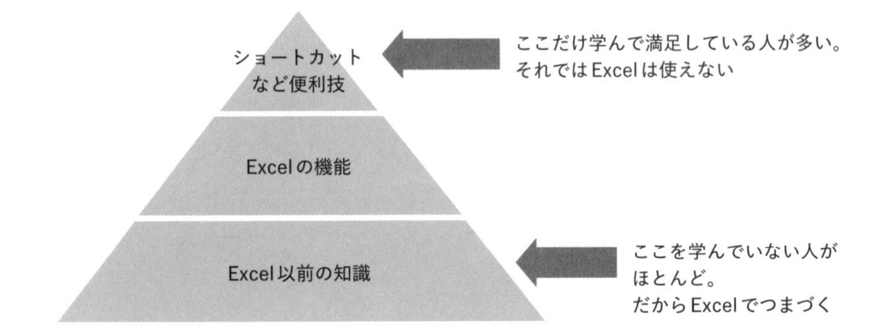

つまり、Excelが難しいと感じている人は、**Excelを正しく使うために必要な「基礎的な知識」が不足していたから、Excelをきちんと使いこなせていなかった**のです。

基礎をきちんと押さえたうえで、ショートカットや関数を修得すれば、見よう見まねではない、きちんとした使い方ができるようになります。すると、

- 資料作成の時間が激減する
- Excel資料の「作り直し」や「期待外れ」がなくなる
- 初めて使うExcelの機能も、つまずくことがなく使える

ようになるのです。

「じゃあ、どうすればいいの？」と思ったら、本書です。

Excelのショートカットや関数ももちろん解説しますが、本質的には、Excelの正しい使い方の順番を、体系的に学べるよう丁寧にレクチャーしていきます。

Point

- **Excelにも正しい学びの順番がある**
- **ショートカットの「前」にExcelの基本をマスターしよう**

Chapter 1 1-2 「テクノロジーを使う力」と「数字力」を身につける

ところで、こんなことを思っていないでしょうか？

「いまはAIも発達し、新しい技術がどんどん進歩している。いまさらExcelを勉強する意味ってあるの？」

確かに技術は進歩していますが。でも、基本的な知識を疎かにするのはどうでしょうか。**AIもデジタル技術も、結局、使うのは人、**です。

Excelで身につく2つの力

AIが台頭し、DX（デジタル・トランスフォーメーション）が叫ばれて、デジタルが社会に浸透する未来は確実にきます。そのような時代の中、これから必要とされるのは、テクノロジーを使うスキルです。

Excelをはじめパソコンのこと、デジタルを教育する体系は遅れています。2022年から高校で「情報Ⅰ」が必修科目になりました。

今後は整備が進んでいきますが、すでに社会人である私たちは各自で勉強する機会を探しながら、デジタル社会を渡り歩いていかなければなりません。

では、なにから準備すればよいのか？　いま使っている、身近なテクノロジー、特にExcelを勉強することが最短ルートです。しかもExcelなら、テクノロジーだけではなく、数字を読み解く力も身につくからです。

Excelで「学べるテクノロジー」とは？

Excelで身につくテクノロジーの基礎と聞いて、どんなことを想像されるでしょうか？

ひと言でいうと、**「データベースシステム」**です。

データベースというと、日常生活の中ではあまり馴染みがない言葉かもしれません。でも、パソコンやスマホの登場で、おそらくすべての人が一度は無意識にこの仕組みを使ったことがあるはずです。

たとえば、会員制サイトの会員情報、ネットショッピングの購入情報や商品情報、ニュースサイトの各ニュース情報の管理、マイナンバーカードの個人個人の情報など、数え上げたらキリがありません。

このデータベースシステムはITが登場する以前にも、住所録や会員名簿、イベントの参加情報などで、それっぽい使い方がかなり昔からされています。

それをテクノロジーとしてきちと使えるようにした体系的な方法が「データベースシステム」なのです。

■ あらゆるwebサービスでデータベースが使われている

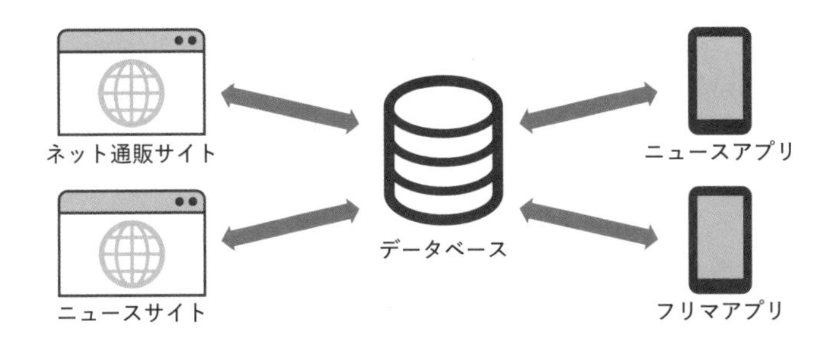

データベースシステムを簡単に説明すると、データを一箇所で管理し、必要に応じてそのデータを参照して、必要なシステムを作るという仕組みです。

これが便利な所は、データベースの修正・追加で容易な点と、新しく何かサービスやシステムを作るときに、すでにあるデータベースを流用することで、データベースを毎回作る手間が省ける点です。

細かくは第3章以降で解説しますが、**Excelもこのデータベースシステムの仕組みをベースに使うことで、驚くほど使いやすくなります。**本書で解説する仕組みもまさにこの考え方をベースにしています。

つまり、本書で紹介するExcelの使い方を身につければ、そのままこれからの時代に通用する考え方が身につくというわけです。

AI時代にも必須の「数字を読み解く力」

一方、数字はどうでしょう。

「数字を読み解く力？」

ビジネスでは、すべてを数字で管理し、考えます。会話でも、数字が登場する機会は多く、すべては曖昧なコミュニケーションをなくすためです。

数字のない会話は「売上が増えました」「がんばって営業します」「ムダ遣いを止めます」と、結果や目標がはっきりとしません。

でも、「売上は100万円増えました」「訪問件数を3件増やす」「今月は経費を10万円削減する」と、数字を入れることで、曖昧さがなくなります。

数字は、曖昧さのない共通認識です。

「雨が降るかもしれないから、傘を持って行ったほうがいいよ」

と言われても、傘を持って行くでしょうか。しかし、

「降水確率が90%だから、傘を持って行った方がいいよ」

と言われたら、どうですか？　傘を持って出掛けるはずです。

Excelで数字を管理していると、売上はなぜ増加（減少）したのか、利益率が下がっているのはなぜか。原因を上司に報告するために、どの数字を使ったら分かりやすいか。こうした数字の変化や見せ方どんどんに敏感になれます。

- テクノロジーの仕組みを理解し、きちんと使いこなせる人
- 数字に強く、データや事実から正解を導ける人

は、DXが叫ばれてデジタル化する社会においてこそ、必要になる人材です。

Point

- **AI時代だからこそ、Excelをきちんと学び、理解し、使いこなす必要がある**

Chapter 1
1-3 Excelが得意な人、Excelが苦手な人のちがい

さて、「Excelを難しいと感じている人」から「Excelを使いこなせる人」へ変わるために、もう少し「Excelを使いこなせる人」のイメージを具体化してみます。

よく「○○さんはExcelが得意」や「私はExcelが苦手」と聞きます。何気ない会話ですが、そもそも「Excelが得意な人」とはどんな人でしょうか？

「数式や関数を使って、私にはできないことができる、周囲から尊敬される人」

そうですね。自分にはできないことができる人、というイメージがありますね。これは「Excelを使いこなせる人」と言い換えられるのではないでしょうか。

私は、これまでの社内セミナーやXでの発信を通じて、Excelが得意な人の共通点は、次の7つに大きくまとめられると考えています。

①見やすい表やグラフが作れる
②計算ミスをしない
③作業がはやい
④調べて、何でも解決できる
⑤作業の手戻りがない
⑥構造を理解している

①見やすい表やグラフが作れる

見やすくて、分かりやすい表やグラフを作るのが得意です。特徴として、

・パッと見て、スッキリしている

・注目すべき箇所がはっきりしている
・グラフから伝えたいことが一目瞭然

などがあります。一方、普通の人は、ごちゃごちゃしていて、どこを見ればよいのかよく分からない、「何のために用意したグラフなの？」とツッコミたくなるものを作っているのではないでしょうか。

これは**センスの問題ではなく、「見やすい表の作り方」を知っているか知らないかだけの違い**です。そこで本書でも、見やすい表やグラフを作るためのセオリーとテクニックを解説します。

②計算ミスをしない

当然といえば当然ですが、Excelが得意な人が作った表には計算ミスがありません。数式や関数で、手計算はせずに、Excelに計算を任せているためです。

ちなみに、Excelが得意な人は数式や関数をたくさん知っているのか？

そんなことはありません。

私も、覚えている関数はせいぜい20個程度です。この関数を組み合わせて、たいていの作業は完了。

もし20個の関数で解決できないときは、新しい関数を調べながら使います。これはExcelの仕組みを理解しているからできることです。つまり、**知識量よりも「基本をきちんと理解しているか」が大事**なのです。

③作業がはやい

作業が早いです。正確には、作業を早くする方法をたくさん知っています。

これは、「ショートカットをたくさん知っている」「関数をたくさん知っている」という知識量の話ではありません。**「最適なタイミングで、それぞれの機能を使う判断ができるか」という判断力の差**です。

ショートカットを覚えることは、もちろんそのまま作業が早くなることを意味しますが、いちいちショートカットを使うことにこだわっていては、思い出すのに時間がかかったり、指の入れ替えに手間取ったりして、かえって時間がかかることもよくあります。

もちろん、よく使うショートカットはぜひ覚えてください。

④調べて、何でも実行・解決できる

インターネット検索で、何でも調べて実行できます。必要なときに必要な機能を、インターネットで調べながら使えればよいと考えています。なぜそれが可能なのかというと、本書の第6章で紹介するExcelの基礎を理解しているからです。

⑤作業の手戻りがない

本書でも紹介しますが、Excelは段取りが重要です。Excelが得意な人はいきなり作業に取り掛からず、「目的」から逆算して、最低限の労力で必要な作業をする方法を考え、実行し、最終的に欲しい結果を最小限の工数で手に入れます。その方法を、本書の第3～5章で順を追って解説していきます。

⑥構造を理解している

Excelの基本構造を理解できると、Excelの活用の幅がグッと広がります。Excelのすべての機能、数式や関数も、VBAと言われるプログラミングまで、Excelの基本構造のうえに成り立っています。第6章で解説します。

Excelが苦手な人、Excelに自信がない人には、「Excelを使う順番」を改めて知ってみてほしいと思います。なぜ苦手なのか、自信がないのか。本質を知らずに、何となく使っているからかもしれません。その世界から卒業して、学校では教えてくれなかったExcelの授業が次章から始まります。

Point

- Excelを使いこなしている人の特徴をまず理解する
- 「知識の詰め込み」ではなく、基本の理解が上達の最短ルート
- ショートカットや機能はよく使うものだけ覚える

第 2 章

Excelで覚えるべき「たった1つのこと」

「Excelは覚えることがあって、大変」
と思っているは少なくないと思います。
でも、実は覚えるべきことは、そう多くありません。
ほんの少しのことを覚えたら、後は調べながら使うだけ。
「暗記科目」から「実践科目」へExcelを変えましょう！

introduction イントロダクション

「先生、ぼくたちがExcelが苦手なのは当然のことなんですね」

「いい気づきですね。何もわからないままExcelを使い始めて、人の操作を見よう見まねで覚えた。教えてもらったこと以外は何もできない。そういう人は多くいると感じます」

「先生、それはなぜですか？」

「体系だって学んだことがないからだと思います。基礎知識がないままテクニックだけを積み重ねて、その機能を使うタイミングか、覚えた機能の応用法を知らないのでしょう」

「仕事をしている人は毎日が忙しくて、Excelを勉強している暇なんてないんじゃないかなぁ」

「それも理由の1つですね。Excelを学ぶメリットがきちんと理解されていない感じがします」

「Excelを学ぶメリット……」

「はい、Excelを学ぶメリットです。Excelが得意だと、会社での評価が上がります。営業職も研究職も、人事も経理も、Excelは業種や職種を問わないスキルです」

「言われてみれば、そうですね」

「Excelが得意な人は、転職市場でも強いです。Excelのスキルだけあればいいとは言いませんが、Excelのスキルがあることが PRになることは間違いありません」

「必要とされると、自分に自信が持てそうです」

「ねこさん、その通りです。自己肯定感が上がるんですね。もっとみんなの役に立ちたい気持ちになり、よりExcelを学習する意欲も湧く」

「もう強くなるだけですね」

「そうなんです。今日もしっかり、学んでいきましょう」

Chapter 2 この章で学べること

第2章では、Excelの特徴と、本書の目玉であるExcelを使いこなすために、ショートカットや関数を学ぶ「前」に知っておくべきルールを解説します。

そのために、まず、Excelの特性を、WordやPowerPointと比較を通して、明らかにします。

WordやPowerPointと比較することで、Excelの特徴が浮き彫りになり、そうすることで、Excelをどう使えばいいかを解説していきます。

Excelの特徴が明らかになったところで、Excelを効率的に使うための唯一のルールである**「集める→まとめる→仕上げる」の法則**について解説します。

これが、Excelのショートカットや関数を覚える「前」に必要なことです。

もしこれまでに、ムダな作業が発生したり、作業のやり直しに追われる羽目になったり、関数やショートカットの知識の使い所がわからなかったりしたなら、すべては「集める→まとめる→仕上げる」を知らないまま作業していたからといっても過言ではないでしょう。

私は、Excelの作業は料理とおなじで、段取りが大事だと考えています。

要は、「集める」は食材準備、「まとめる」は調理、「仕上げる」は盛り付けの作業なのです。Excelを操作するとき、表計算ソフトとしてただ使うのではなく、この「料理の流れ」を意識して作業をすると、スムーズに使いこなせます。

Excelの「作業の順番」の後は、改めてExcelを使いこなすことのメリットについて解説します。

Excelを学ぶ作業は、一見地味で、退屈です。そこで、得られるメリット、理想像、ゴールを明確にイメージすることで、作業へのモチベーションを確立するのです。

Chapter 2 2-1 Word、PowerPointにはない「Excelだけでできること」

仕事ではさまざまなソフトやサービスを使って作業をします。

たとえばWordやPowerPointで資料を作成したり、YouTubeやInstagramで会社や商品を紹介したり。イラストを描く方はIllustratorを使うでしょうし、プログラミングをする人はVisual Studioは馴染みのあるソフトだと思います。

では、**これらのソフトとExcelの違いとは何**なのでしょうか？

Excelとは、どんなソフトなのか？

仕事の場面をExcelが使われるシーンで深掘りしてみます。

比較するために、Excelと並んでビジネスシーンでよく使われるWordとPowerPointを考えたいと思います。

Wordはどのような場面で使われるソフトでしょうか？　たいていは挨拶状、報告書、申請書など、「文章を使って何かを伝えたい」ときに、Wordを使っていると思います。

PowerPointはいかがでしょうか？　文章と図解で表現したい、プレゼン資料を作りたい、といった「図解を使った資料を作るとき」に使っているのではないかと思います。

では、Excelはいかがでしょうか？　「一覧表を作りたい」「計算がしたい」「管理がしたい」といったところでしょうか。

Excelの特徴の1つとして挙げられるのが、Excelは表形式だということです。WordやPowerPointにはない「セル」と呼ばれるマス目が集まって、Excelのシートが構成されています。必然的に、**なにかを一覧でまとめたい、表現したいときは、Excelが一番作りやすくなります。**

Excelには、もう1つの特徴があり、「計算ができる」という点です。数式や関数を使う機能です。Excelに一度、計算式を入力しておくと、数字が変更されても再計算してくれるという、非常に便利な機能で、WordやPowerPointにはないExcelならではの機能です。

これらを踏まえると、WordやPowerPointは「文書」や「図解」で伝えるためのソフトなのに対して、**Excelは「整理・分析」のためのソフト**だといえそうです。

Word	PowerPoint	Excel
・文書で伝える	・図解で伝える	・整理・分析をする

WordやPowerPointにも、コピペで一部を書き直すことで再利用という考え方はあるものの、「作ったら終わり」が多いでしょう。

一方、Excelは違います。基本的に、**「継続的に使う」ことを前提**として、すべては作られていきます。たとえ、一度きりしか使わないつもりで作ったExcel資料でも、「あのときの情報の最新を教えてくれる？」とふとしたときに突然、最新情報が求められるのも、Excelにはよくあることです。

そうした性質のため、Excel資料には、誰が見ても（上司や後任者など）、再作成が可能な分かりやすいデータであることが求められます。

その継続的な再生産性を実現するのが、データベースシステムをベースにした「集める→まとめる→仕上げる」の3ステップです。

Point

- Excelは情報の整理・分析のために使う
- すべてのExcel資料は、継続的に再生産できる必要がある

Chapter 2 2-2 Excelを完全に使いこなす「集める→まとめる→仕上げる」

私はX（旧Twitter）を通じて、Excelで使えるショートカット操作や関数の使い方を紹介しています。ショートカットも関数もいい反応をいただき、ありがたいと思う一方で、「小手先のテクニックがひとり歩きしている現状」に焦りを感じています。

いったん「効率化マインド」を捨てる

第1章でお伝えした通り、Excelのショートカット操作や関数をいくら勉強したところで、**実は仕事で役立つExcelの能力は身につきません**。もちろん、それを知らない人よりは作業スピードが早くなるので、若干の貢献はできますが、取るに足らない程度です。作業がいくら早くなったところで、本質的に成果の質が上がらなければ、結果は変わらないからです。

ショートカット操作をたくさん知っていても、多くの関数を知っていても、それらを適切に使う方法を知らなければ、単なるノウハウコレクターであり、小手先だけの人なのです。

というわけで、「Excel作業の効率化マインド」は、一旦捨ててください。

覚えるなら、「正しく使う順番」を覚えよう

そのうえで、本書の読者のみなさんは、「本質的に成果の質を上げる」ためのExcelの使い方を学んでもらえたらと思っています。

これは、**数秒、数分で教えられるショートカットや関数の使い方とは違う「Excelの仕組みを最大限に活用した使い方」**です。簡単にはお伝えできないからこそ、今回、1冊の本にまとめることにしました。

Excelの作業でいちばん避けたいことは、作業のやり直しです。途中の計算をミスしていたから、欲しい結果が変わったなど理由は様々ですが、それまでに費

やした時間がムダになることは、みんなにとって不幸なことです。

順番にこだわる理由がもう1つあります。先に順番を覚えておくと、ショートカット操作や関数をどのタイミングで使えばよいかがイメージしやすいんです。先に順番、その後にテクニック。これがExcelを確実に、かつ最も効率的にマスターする順番です。

Excelを最も効率的に使う「3ステップ」とは？

Excelの作業は料理に似ています。料理も段取りが大切です。「食材用意→調理→盛り付け」の順に作業します。Excelも同じです。「集める→まとめる→仕上げる」の3ステップに従うことが、Excelを効率よく作業する最適解です。

①集める

まずは「集める」です。データを集める作業で、準備段階に相当します。料理に例えると、食材を調達したり、食材の下ごしらえをする工程です。

私はこの「集める」がいちばん大事な工程だと考えています。

何事も「準備が8割」といわれますが、Excelも準備が8割です。集める工程が雑だと、後ろの工程で矛盾やほころびが生じて、やり直す羽目になります。

②まとめる

データを集めただけでは意味がありません。ただただ数字や文字を羅列しただけでは、そこに価値はありません。食材を集めて下ごしらえをしても、生肉は食べられませんよね。調理することで、生肉が美味しい料理に変貌します。

Excelでも、集めたデータを調理します。それが「まとめる」作業です。おなじみのSUM関数や、難しい関数としてよく引き合いに出されるVLOOKUP関数は、このまとめる工程で使われる関数です。

③仕上げる

最後の工程は仕上げ、見た目をととのえる作業です。焼いたお肉をフライパンのまま出すのも悪くないですが、やはりきれいなお皿に盛り付けて、ソースをおしゃれにかけたほうが、料理を目で楽しむことができます。

まとめた結果を論理的な情報の伝達のための資料とすると、仕上げる段階はそれを、色を変えたりグラフにしたりと、見た目をととのえることで、**受けとる人の感情を動かす作業**といえるでしょう。

■ 料理を作るように、Excelを作っていく

Excel作業そのものに価値はありません。その結果生み出されたアウトプットに、価値があります。そしてそれは、最短の手順と時間で出す必要があります。

そのための考え方が、「集める→まとめる→仕上げる」の3ステップです。必要なデータを集めて、加工して、感情を動かす見た目に整える。

Excelは作業のやり直し、手戻りが大敵だと考えています。それを最小化、もしくはゼロにしてしまうのが、この工程です。

次章の第3章から第5章にかけて、詳細を解説していきます。

Point

- 効率化マインドはいったん捨てて、確実な作業を身につける
- 「集める→まとめる→仕上げる」ですべてのExcel作業を進める

Chapter 2

2-3 Excelが使えるだけで、こんなにいいことがある

Excelを使いこなせるメリット

私は、Excelで作業する時間はムダな時間だと思っています。Excelで作業することに価値はなく、価値があるのは、あくまでその結果です。Excelの作業は短ければ短い方がよいと考えています。

Excelの作業時間が短くなると、どんないいことが起こるのか、これまでに私がExcelの使い方を教えた人のその後や、Xで寄せられるダイレクトメッセージの喜びの声を中心に、思い出してまとめてみました。

①残業が減る。自分の自由な時間が増える
②仕事ができると評価される。頼られる存在になる
③どんな会社でも必要とされるスキルが手に入る
④自己肯定感を高め、自分の働き方に自信が持てる

①残業が減る。自分の自由な時間が増える

Excelのできる人とできない人ではっきりと差が出るのが、作業スピードです。ある人は5時間かけて終わらせた作業を、ある人は5分で片づけることはざらにあります。

これは実際にあった話です。
「090xxxxxxxx」のようにハイフンのない携帯番号に対して、「090-xxxx-xxxx」と間にハイフンを入れる作業がありました。私なら文字列を操作する関数を作って、数秒で終わらせることができます。しかし、関数を知らないその担当者は、1つ1つを手作業でしていました。その数1万件。**手作業を1万回くり返す**わけです。恐ろしい……。

え？　信じられない？　でもこれ、本当に実話なんです。

私の現在の勤務先はIT企業ではありません。職場には、Excelスキルが低い人がたくさんいます。こんなことを言うと会社から怒られますが、私から言わせると作業効率がめちゃくちゃ悪いです。

でも、どんな成果も「すぐれた過程」から生まれることは間違いありません。そして、「すぐれた成果を上げる人」は必ずこの過程を理解しています。

でも、彼らは絶対にその事実を口にはしません。それはライバルを生み出す原因になることもありますが、彼ら自身が「**成果のために過程を磨くのは当然**」と思っているので、今さらそんなことに言及しようとも思わないからです。

限りある時間を有効活用するためにも、Excelのスキルアップ、スピードアップを目指しましょう。

②仕事ができると評価される。頼られる存在になる

私が働く会社に限らず、Excelができない人、苦手意識がある日本のサラリーマンはとても多いと感じます。「え、そんなことも聞いてくるの？」と思うことがよくあります。

なぜこんなことになっているかというと、「**自分で調べる習慣を持たない人が多い**」からだと考えています。

私は新卒でシステムエンジニアとして会社に就職しました。システムエンジニアは、答えは自分で探すのが当たり前です。「先輩や同僚に聞けばいいのでは？」と思うかもしれませんが、ITの世界は技術の進歩が早く、先輩が答えを知っているとは限りません。

もちろん、答えそのものを教えてもらうのではなく、答えに至るヒントや、答えの探し方は教えてもらいました。当時の教えはいまでも財産です。

その後ITとは無縁の会社に転職します。入社初日から質問攻めでした（笑）。

とにかく覚えようとしない。得意な人に任せればよいと考えている。

私は、ここはチャンスだと思いました。「あいつはExcelに詳しい」と認識されて、「頼られる存在、社内で一目置かれる存在になれる」と考えたのです。

結果は狙いどおり。Excelに詳しい人と社内で認知されて、勉強会の講師を任されるまでなりました。私は都内で働いているのですが、面識のない西日本のトップの方からも「Excel勉強会の動画を見た。わかりやすかったよ」と声を掛けていただきました。

秀でたスキルがある人は一目置かれます。その点、Excelは

- なぜか得意な人がいない（競合が少ない）
- スクールに通わなくても学べる（お金がかからない）
- 結果が目に見えて分かりやすい

ので、コスパがよいスキルだと感じます。

③どんな会社でも必要とされるスキルが手に入る

システムエンジニアをしていた頃、クライント先のオフィスで作業する機会が多くありました。システムを納品するクライアントと一緒に作るため、クライアント先で作業するほうが効率がいいからです。

いまの会社に転職するまで8カ所のオフィスで働きましたが、どのクライアント先も、いま働いている職場と似たような状況でした。もう10年以上前の話ですが、いまも変わらないと思います。なぜなら、弊社が変わってないから（笑）。というのは冗談で、10年前から技術的な変化は起こっておらず、書籍やYouTubeを見ていても、売れている本、再生数の多い動画の傾向は変わっていないからです。

つまり、この**10年ほどでExcelで求められているスキルは変化していない**のです。だから、Excelのスキルアップをすれば、どんな会社でも必要とされる存在になれるということです。言い方をかえると、転職を考えたとき、市場で必要

とされる存在になれるともいえます。

④自己肯定感を高め、自分の働き方に自信が持てる

仕事のスピードが上がり、みんなから頼られる存在になり、どんな会社でも通用するスキルを手に入れると、何が一番いいかというと、自己肯定感が高まります。つまり、自信が手に入ります。

システムエンジニアの世界では、Excelが使えることなんて当たり前です。しかし、そんな世界は実はひと握り。多くの会社ではExcelが使える人がチヤホヤされます。**Excelが得意なだけで重宝される**のです。

自分のスキルが認められる喜び、手応え、そして他の会社でも通用するんだという自信。

会社をクビになっても他で働ける自信は、リスクを負って挑戦する気持ちを奮い立たせます。挑戦するとさらに自信がついて、自分自身が成長します。この好循環サイクルを知らない人が多すぎます。

みんなから頼られるスキルが1つでもあると、自信につながり、他のことに挑戦する原動力になります。挑戦が成長を促進し、さらに自信が生まれます。自信は成長の源。Excelを通じて、自信を手に入れましょう。

Point

- Excelが使えるだけで、残業が減り、自由な時間が増える
- Excel能力はそのままビジネス能力に直結し、市場価値を高めてくれる

第3章

集める

「必要なデータは必要なときに、集める」
というやり方をしていないでしょうか？
それは、手戻り、やり直し、行き詰まりの原因です。
Excelに慣れていない人がついやってしまいがちなこと。
「なりゆき思考」から「計画思考」へ切り替えよう！

introduction

イントロダクション

「これまで2回に渡り、Excelが苦手になる理由とExcelを学ぶメリットを解説してきましたが、どうでしたか？」

「何となく感じていた不安の正体が分かって、すっきりしています」

「それはよかったです。さて、今日から実践的な内容に入ります。1つ前の授業で、Excelの作業は順番が大事とお伝えしました。コウジくん、順番を覚えていますか？」

「え！？　えっと……、集める→まとめる→仕上げる、です」

「正解です。よく覚えていましたね」

「（ふぅ、危なかったー）」

「Excelは作業の順番が大事です。料理と同じです。料理には『段取り』があります。食材を切る。次に調理、煮たり蒸したり焼いたりして、味付けをします。そして最後に盛り付け。
この作業の過程で、包丁は食材を切るために使い、フライパンは焼くために使います。Excelも順番に合わせて、道具を使います。それが機能や関数です」

「作業の順番を知らずに機能や関数のことを勉強しても、どこで何を使えばいいのか分からないから上達しないんですね」

「まったく知らないよりはいいですが、どの場面でどのように使うのかを知ることは、とても大切です。包丁は食材を切るために使う道具であることは、みんなが知っています。ねこさん、ExcelにはVLOOKUP関数というものがありますが、どんな場面で使うのがよいでしょうか？」

「VLOOKUP関数を聞いたことはありますが……、分かりません！」

「いまは分からなくて問題ありません。授業を進めていく中で、どんな場面でどのように使えばよいのかを解説します。今日の授業は『集める』を深掘りしていきます。実際に操作しながら授業を受けてくださいね」

Chapter 3 この章で学べること

第2章の最後でもお伝えした通り、Excelは料理に似ています。

料理をつくるときは、食材をカットして、下ごしらえをして、調理して盛りつけます。豚肉を生肉のまま食べることはできませんが、煮たり焼いたり、味付けをすることで、おいしい料理に生まれ変わります。

Excelも同じです。何もしなければ文字や数字が規則正しく並んでいる、味気ない一覧表。そこで数字を合計したり、比較したり、グラフにすることで、

「なるほど！！　そういうことだったのか！！！」

という発見を得られます。これが、Excelの醍醐味であり、提供される価値です。ほら、豚肉を調理するのと似ていますよね。

そこで大事になるのが、「作業の順番」です。料理にも段取りがあるように、Excelにも作業の順番があるのです。ここを知っている人が意外と少ない。

Excelが苦手な人の特徴をおさらいすると、

「自分が担当する作業が全体のどの部分なのか、分かっていない」

どんな料理を作るのか分からないまま、料理している状態ともいえます。

Excelの作業の順番は、シンプルな3ステップです。

「集める→まとめる→仕上げる」

第3章では、最初のステップ「集める」を解説します。**食材の用意の段階**です。調理前に、食材がきちんと用意できていないと作業ができません。たとえ始めても、足りない食材があったり、間違った食材や調味料だと、またゼロから準備のし直しになります。

Excelも同じで「集める」は重要な作業です。Excelのほとんどの手戻りはこの段階が原因といっても過言ではありません。しっかりマスターしましょう。

Chapter 3 3-1 「集める」の4ステップ

いよいよExcelの作業のスタートです。

この章では、**集めるの4つのステップ「ゴールを決める→データの集め方を決める→フォーマットを用意する→すでにあるデータを使う」**を順番に解説します。

Excelの作業は、無計画に初めては駄目です。無計画な進め方では、必ず作業の手戻りが発生するからです。

そして、データを集めるときは、
「なぜそれを集めるのか」
「どこから誰から集めるか」
「扱いやすいデータをどう集めるか」
「どうやって間違えのないデータにするか」
を意識する必要があります。

それを確実にこなすための方法が、次の4つのステップです。

ステップ①：ゴールを決める

ゴール、つまり「作りたいもの」を決める段階です。

料理も「何を作るか」を決めてから始めるように、「Excelで何を作るか」を考えてから、作業をスタートします。料理なら、「ハンバーグを作る」と決めてから始めるのと同じです。

ところが、Excelの場合、「とりあえず作ってみた」という行き当たりばったりを何度もくり返して、手戻りと修正を重ねて資料を作る人が結構います。その原因は「ゴール」が決まっていないことにあります。

ステップ②：データの集め方を決める

ゴールが決まったら、次はデータの集め方を決めます。

データの集め方には、2つの方法があります。

①自分または誰かが、新しく入力する方法

→食材を書き出して、おつかいを頼むイメージです。

②すでにあるデータを集める方法

→食材とレシピがセットになった宅配サービスのイメージです。

すでにデータがあるなら、②の方法がベストです。ただし、都合のいいデータがあることはそうそうないので、結局、①の方法で新たにデータを集めることが多いです。まずは①の方法をしっかり覚えることで、データの集め方を学び、その上で状況に合わせて②の方法を使うのが現実的です。

ステップ③：フォーマットを用意する

新たに入力する場合も、すでにあるデータを使う場合も、「フォーマット」を用意します。フォーマットは、「集める」の次の「まとめる」で作業しやすいように、「定型の作り方」があります。特に第3者にフォーマットを入力してもらう場合は、フォーマットがしっかりしていないと後から二度手間、三度手間になる可能性があります。本書ではExcelでデータを集める際の方法と注意点を解説します。

ステップ④：すでにあるデータを使う

ほしいデータがウェブや社内システムにすでにあるとき、それを流用することができます。その際はデータをダウンロードして、Excelに取り込みますが、こうしたデータはCSVという形式でダウンロードすることがほとんどです。

CSVデータは、扱い方を知らないとダウンロードした後に操作に行き詰まり、パニックになりがちなので、そうならないための方法を解説します。

Point

- Excel作業には、料理と同じで、「守るべき順番」がある

Chapter 3
3-2 ゴールを決める

なぜ「ゴール」を決める必要があるのか？

Excelで作業を始めるときは、まず「ゴール」を決めます。

ゴールとはExcelの完成形のことです。料理でたとえるなら、どんな料理を作るのかを具体的に決めるのと同じです。

データ分析なら、**「どのようなデータを、どう分析するのか」**を決めます。

たとえば、会社の前年度と今年度の売上データを分析するなら、「全社の前年度と今年度の売上を、前年比で分析する」と決めます。このとき、「全社　or　支社」「前年比　or　前年差」かによって求めるゴールは変わってきます。

簡単なことではありますが、ここが明確に決まっていないと、Excelでデータ分析が完了したけど、上司の指示とまったく違って「作り直しになった」という残念な結果になってしまいます。

この例は、前年比の売上という簡単な例ではありますが、より複雑な作業をするときには、**前提となるゴールが「曖昧」であれば、どのように悲惨な結果になるか**は想像に難しくないと思います。

また、ゴールが決まっていることでスムーズに作業を進めることができるので、生産性も格段に向上します。

ゴール設定のポイント

ゴールを設定するときのポイントは次の2つです。

①完成形をひと言で表現する

②Excelのどの機能を使うかを決める

一つひとつ説明していきます。

①完成形をひと言で表現する

Excelでどのような完成形を作るかを明確にします。たとえば、データ分析、データ一覧表、比較表、入力フォーマットなど、誰が聞いても一発でイメージができるような言葉で表現します。

ここが明確なほど、完成形へ向け、Excel作業がスムーズになります。

②Excelのどの機能を使うかを決める

言葉の通り、表、グラフ、テーブル、ピボットテーブル、散布図など、どの機能を使って、①の完成形を作るかを決めます。

この2つが決まっていれば、次のようなゴールを設定することができます。

- 売上のデータ分析を、ピボットテーブルでする
- 人員配置データの比較表を、表でつくる
- 売上減少要因の分析結果を、グラフでまとめる
- 広告と問合せ増加の相関関係を、散布図で示す

ここまで決まると、あとはExcelで何をすればいいかも自ずと決まってきます。つまり、**ゴールが決まることで、具体的にExcelでどのような作業をしていくかが、トップダウンで仕上がっていく**のです。

Point

- ゴールから逆算して作業に取り掛かる
- ゴールとは「完成形をひと言」で表現できる状態
- ゴールが決まると、集めるデータの種類やどのExcelの機能を使うのかが自ずと決まる

Chapter 3 3-3 「データの集め方・フォーマット」を決める

ゴールが決まったら、次は「データの集め方」と「フォーマット」を決めます。**「データの集め方」**とは、どのようなデータを、どのような形式で集めるかを決める作業です。項目やその数値、単位などを決めていきます。その形式を一覧でまとめたのが**「フォーマット」**です。

次の課題に沿って、これらを分かりやすく解説していきます。ここでは、「新しくデータを作る」ことを前提に、ねこさんとコウジくんに、「入力フォーマット」を考えてもらいました。

宿題

安土桃山株式会社では、去年に比べて社員の平均体重が増加し、体脂肪率も増えたことが問題視されている。家で仕事をする「在宅ワーク」を導入したことで、通勤で歩く機会が減ったことが原因ではないかと言われている。社員の運動習慣に関する情報をまとめて、体脂肪率の増加と関連があるかを報告すること。

社員から集めるデータ：

・社員番号　・氏名
・性別　・年齢
・身長　・体重
・体脂肪率　・運動習慣の有無
・運動の種類

ねこさんが考えてきた入力フォーマットがこちらです。

運動習慣アンケート

①目的
みなさんの健康管理を把握する目的でアンケートを行います。
下記ご記入のうえ、ねこまでご返信ください。

②記入欄

社員番号
氏名
性別
年齢
身長　　体重
体脂肪率
運動習慣

✖ ねこさんが作成した入力フォーマット。一見問題なさそうに見えるがNG

アンケートを行う目的が書かれていて、それぞれの項目をどこに書けばよいのかひと目で分かります。入力する人が分かりやすいように配慮された、優等生のねこさんらしいフォーマットです。

しかし、残念ながら**これは「NG」です。**

では、コウジくんが考えた入力フォーマットはどうでしょうか。

No	社員番号	氏名	性別	年齢	身長	体重	体脂肪率	運動習慣の有無	運動の種類
1									
2									
3									
4									
5									
6									
7									
8									

○ コウジくんが考えた入力フォーマット。物足りなさがあるがGood

ねこさんが考えた入力フォーマットに比べると、アンケートを行う目的が書かれておらず、「項目をただ横に並べただけ」です。ねこさんのものに比べると、簡単な作りに見えます。

でも、この**簡単な作りがよい**のです。

ここで、宿題の内容を振り返ります。
「社員の運動習慣に関する情報をまとめて、体脂肪率の増加と関連があるかを報告する」
とあります。つまり、「集めて終わり」ではなく、「調べて、関連を見つける」必要があるのです。

集めたデータを並べたり比較することを考えると、ねこさんの入力フォーマットは使いづらいです。集めたあとに、コウジくんのように一覧の形に作りなおさなければならないからです。
その点、**コウジくんのフォーマットは、すでに一覧です。**これがコウジくんのフォーマットがよいと評価する理由です。

コウジくんが作ったフォーマットを本書では、「一覧形式」と呼ぶことにします。
一番上の行に見出しがあり、その下の行にデータが各列の項目毎に、一覧で並んでいくような形式です。一般にデータベース形式と呼ばれることもあります。

Excelの作業は「集める→まとめる→仕上げる」の3ステップです。集めたデータをどうするのか、どうやって集めるのがいいのか。ゴールから逆算して、データ集めの方法を考えられると、どうデータを集めるのがよいかも自然と決まってきます。

Point

- 入力しやすくても、そのまま一覧表にできないのはNG
- 一見すると簡単な作りでも、入力されたものが一覧でまとまるのがグッド
- データは集めて終わりではなく、その先がある。

Chapter 3
3-4 「セル結合は原則NG」の理由

ここで、フォーマットを作るときの一番大事な点をお伝えしておきます。

先ほどのねこさんとコウジくんが作った入力フォーマットには、重大な違いが一つあります。それは、**「セルの結合」をしているか、していないか**です。

セルの結合とは、いくつかのセルを合体させて、1つのセルのように見せる操作です。ホームタブから操作したり、セルの書式設定から操作できます。

なぜセル結合はあまりしないほうがいいのか？

セルの結合ですが、Excelが得意な人たちの間では嫌われ者として有名です。

「セル結合なんて使うな！！」「なんでセル結合なんかしているの！！」

という意見がセルの結合を発見したExcel玄人の間でよく飛び交うのですが、Excel初心者にとっては、

「なんで？」

と、疑問に思って、つまずくポイントでもあります。

納得できる理由が欲しくなるはずです。

セル結合が嫌われるいちばんの理由は、本来なら使えるはずの機能が、使えなくなってしまうからです。

Excelには「1セル1データ」という原則があります。「1セル1データ」とは「**1つのセルには1つのデータしか入れないようにしましょう**」という掟です。

なぜこのような掟があるのかというと、セル結合があることで、次のようなデメリットが発生するからです。

- データを狙い通りに抽出できない
- データの並べ替えができない
- 行（列）を選択したいとき、結合したすべての行が選択されてしまう

- 特定の行（列）だけをコピー＆ペーストできない

こうした操作ができなくなるということは、Excelの便利な機能が使えなくなるということで、致命的なのです。

ということを踏まえたうえで、私はセル結合を、状況に応じて使い分けをすればよいと考えています。状況とは以下の2つです。

①集める工程ではNG
②仕上げの工程ではOK

それぞれどういうことなのか、説明していきます。

①「集める」工程ではNG

「集める」工程では、セル結合は絶対にしてはいけません。

くり返しになりますが、セル結合されたExcelはピボットテーブルや関数の使用に制限が掛かるからです。

②「仕上げる」工程ではOK

そうは言っても、Excelにセル結合という機能がある以上、活用する場面は当然あります。それは、「仕上げ」の工程です。

仕上げは料理の盛り付けと同じで、見た目を整える重要な段階です。この段階まできたら、見た目を整えるためにセル結合を使います。

セルの幅を広くとったら、添付するグラフが間延びしてしまう。表の形がいびつになる。そうなるならセル結合を使って整えたほうが絶対に良いです。

Point

- 「仕上げる」段階では、セル結合を使ってOK
- 「仕上げる」段階以外では、セル結合は原則使わない
- セル結合が与える影響を常に意識する

Chapter 3
3-5 「入力項目」と「見出し」を整える

「フォーマット」は一覧形式で用意しますが、一覧形式は、どこに何を入力すればよいのかが分かりづらいです。また、どのように、何を記入すればよいのかも、一見すると分かりにくいもの。

そこで**分かりやすく、「どこに、何を入力するか」を伝える必要があります。**おつかいを頼むときに、どのお店で、何を買ってくるのかをきちんと伝えるのと同じですね。

ポイントは、「行の先頭の見出し」と「記入例」です。

1行目は「見出し」にする

最初は見出しの説明をしていきます。**見出しは必ず1行目に用意します。**どの列に何を記入すればよいのか、項目名を記入します。「名前」や「身長」「体重」などです。

見出しは目立たせます。おつかいに行くお店を分かりやすくするように、見出しを目立たせて、どこに入力すればよいのかを分かりやすくするのです。

私の場合、見出しは次の操作で、「中央寄せ、白文字、太字、青色背景」にしています。

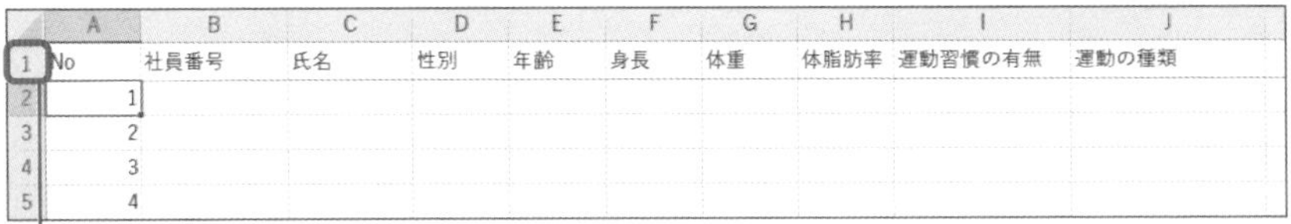

	A	B	C	D	E	F	G	H	I	J
1	No	社員番号	氏名	性別	年齢	身長	体重	体脂肪率	運動習慣の有無	運動の種類
2	1									
3	2									
4	3									
5	4									

❶ 1行目（見出し）を選び、Ctrl + 1 と操作してセルの書式設定をひらく

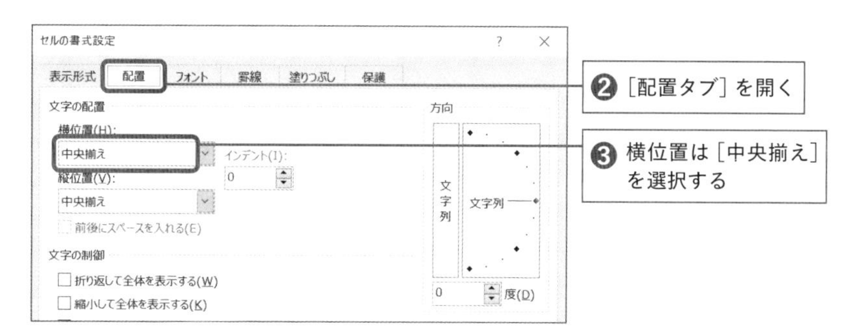
❷［配置タブ］を開く
❸横位置は［中央揃え］を選択する

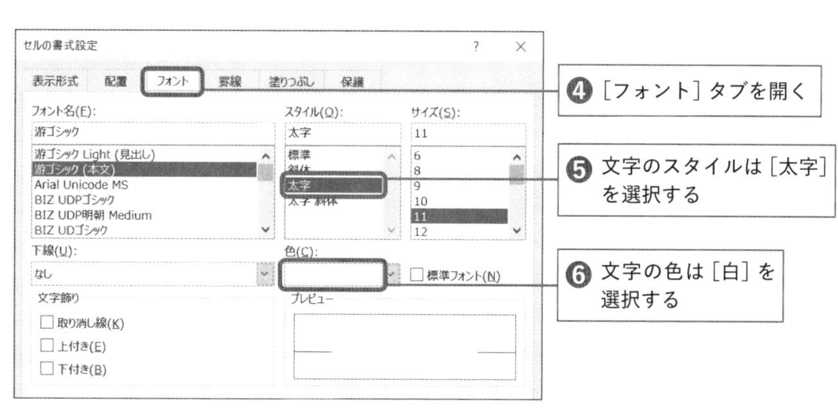
❹［フォント］タブを開く
❺文字のスタイルは［太字］を選択する
❻文字の色は［白］を選択する

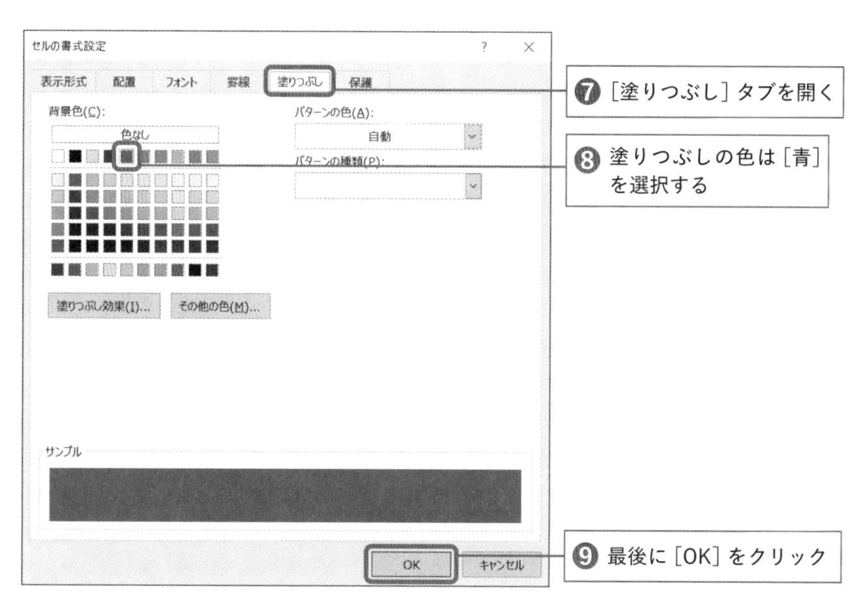
❼［塗りつぶし］タブを開く
❽塗りつぶしの色は［青］を選択する
❾最後に［OK］をクリック

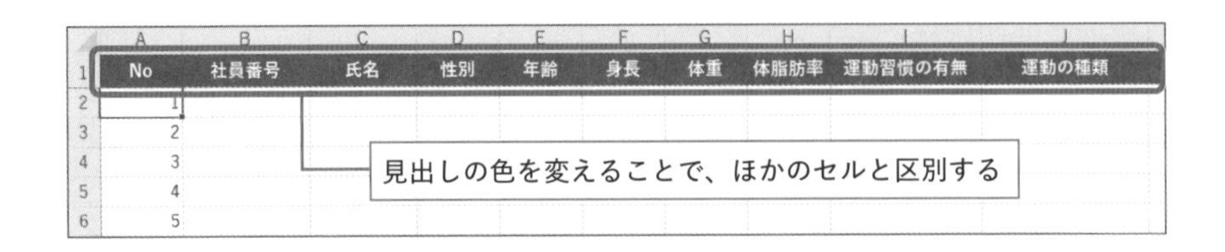

2行目は「記入例」にする

見出しができたら、2行目に記入例を用意します。

見出しが「どのお店」を表すのに対して、記入例は「何を買ってくるか」を表します。**どのような情報を記入するのか、具体的に知ってもらうための要素になります。**

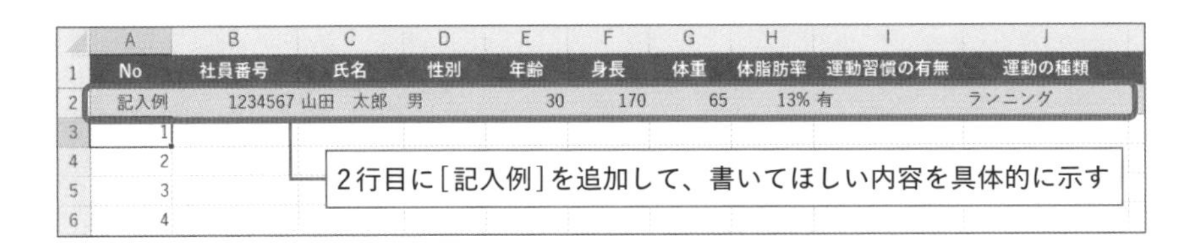

おつかいでいうと、買い物リストのようなものです。

何を買ってきてほしいかがきちんと伝わっていないと、違うものを買ってきてしまうかもしれません。「とんかつ」を作ろうと思ったら、お肉は牛肉ではなく「豚肉」です。さらに、「とんかつ用の豚肉」のほうがより好ましく、「とんかつ用の豚肉200g」ならもっと分かりやすいです。

何をどのように入力してほしいのかをきちんと理解してもらうことで、こちらが入力してほしい内容を、的確に入力してもらえるようになります。

相手にとっては「何を入力しようか」と考える手間が省け、こちらとしては入力ミスを修正したり、再入力を依頼する手間が省けて、お互いにメリットがあります。

「コメント機能」で記入例を補足する

記入例だけで、正確な入力方法を伝えられたらベストですが、文字量が限られているので、なかなか難しいものです。

そこで役立つのが、コメント機能です。**コメント機能を使うことで、記入例で伝えきれなかった注意点をモレなく伝えることができます。**おつかいで言えば、「国産の豚肉があれば、国産を選んでね！！」と伝えるような感じです。

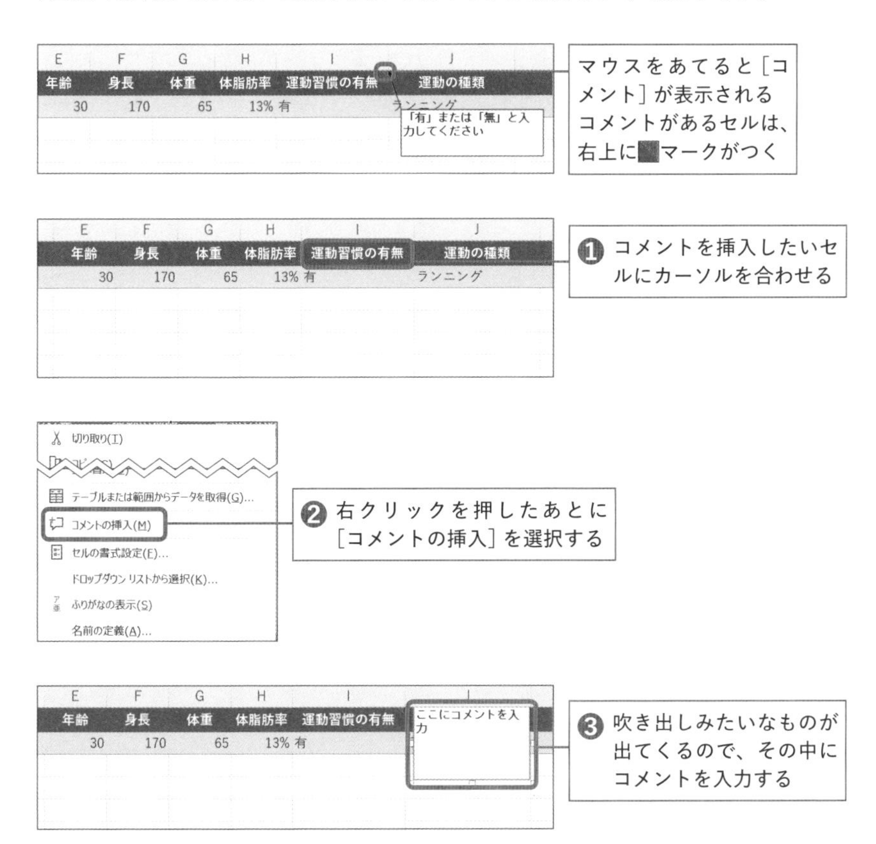

コメントは、コメントを設定するセルを選んだ状態で「右クリック→コメントの挿入」と操作するか、Shift + F2 と押せば挿入できます。

「記入例」を固定表示にする

見出しと記入例ができたら、表示を固定します。

「固定」とは、画面を下にスクロールしたときに、見出しと記入例が見切れないで、画面に表示されたままにする機能です。

［ウィンドウ枠の固定］という機能を使います。

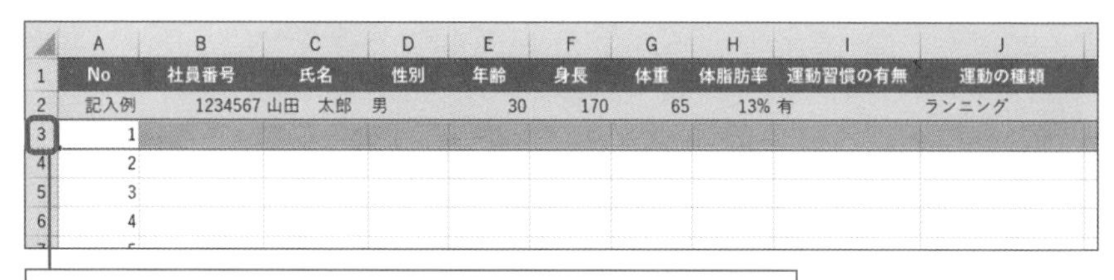

❶ 3行目をクリックして、3行目全体が選択された状態にする

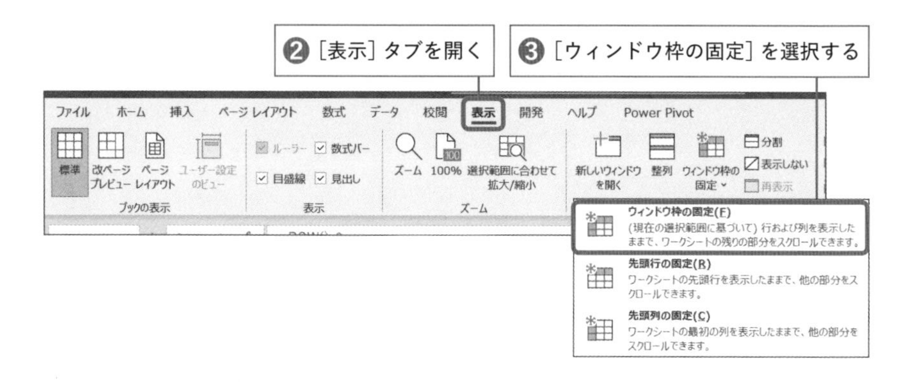

これで下地の完成です。

Point

- フォーマットは「どこに、何の入力があるか」がひと目でわかる必要がある
- 1行目に見出し、2行目に記入例を用意する
- 見出しと記入例が見切れないように、ウィンドウ枠を固定する

Chapter 3
3-6 「1列目」は行番号にする

見出しと記入例を用意したら、次は行番号を用意します。

行番号とは、行毎に割り振った「1,2,3…」と続く数字のことで、一つひとつのデータを判別するための番号です。行番号があることで、名前や体重などの数値が同じときに、どの人のデータかを見分けることが可能になります。

では、行番号を入力していきます。と、ここでちょっと待ってください。

「1,2,3…と手入力していくのか。大変だ」

と思った人は要注意。**簡単に入力できる方法が2つ**もあります。

①「オートフィル機能」で入力を自動化する

1つ目は［オートフィル機能］です。これは、連続するデータを自動的に入力する機能です。マウスをドラッグするだけで、素早く、正確に連番をセルに入力できるExcelならではのすぐれ技です。

［1,2,3］と順番にセルに一つずつ数字を入力したら、入力したセルすべてを選んだ状態で、右下の小さな四角にマウスを当てます。するとマウスのアイコンが［＋］マークに変わります。［＋］を押しながらマウスを下にドラッグすると、［4,5,6…］と続きが自動で入力されます。これがオートフィル機能です。

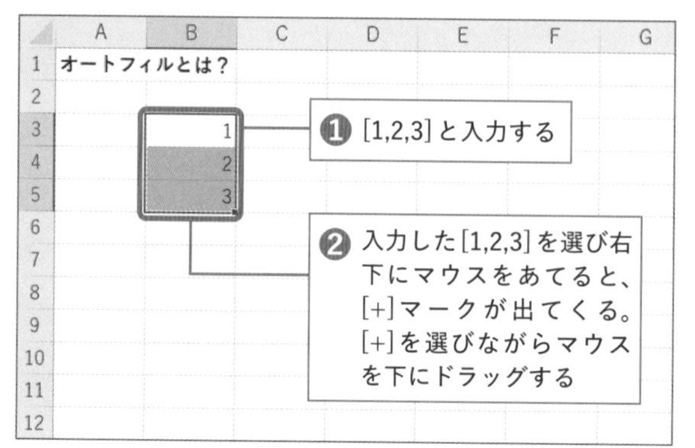

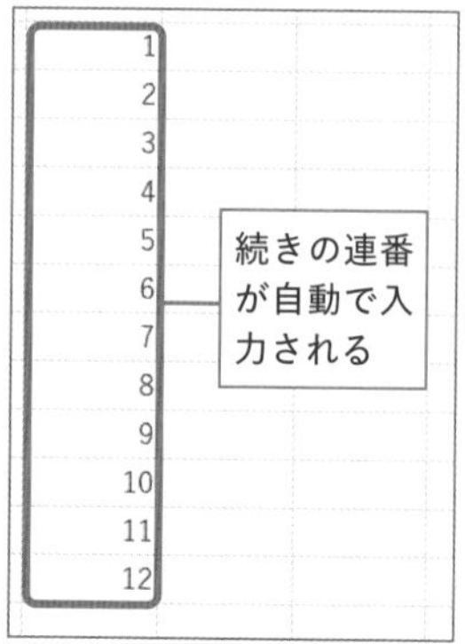

②「ROW関数」で変更に強いフォーマットにする

2つ目の行番号を簡単に入力する方法は、ROW関数を使う方法です。私はよくこの方法を使っています。

ROW関数とは、そのセルの行番号を表示する（返してくれる）関数です。

たとえば**A3セル**でROW関数を実行すると、「3」が返ってきます。

この機能を利用して、行番号を入れていきます。先ほどの**A3セル**に「=ROW()-2」と入力します。すると、行番号の「1」が返ってきました。

この**A3セル**を今度は下にコピーしていきます。すると、オートフィルと同じように自動的に番号が振られるのです。

この行番号の振り方の優れたところは、オートフィルと違って、**行の追加や削除をしたときに、番号が自動で更新されること**です。

オートフィルで入力された行番号は、セルそのものに「特定の数字」が入っているので、行の追加や削除があっても、番号が変わらず手直しが必要です。

一方、ROW関数は、該当のセルを基準に常に「-2」するだけなので、行の追加や削除があっても、番号が自動更新され、手直し不要なのです。

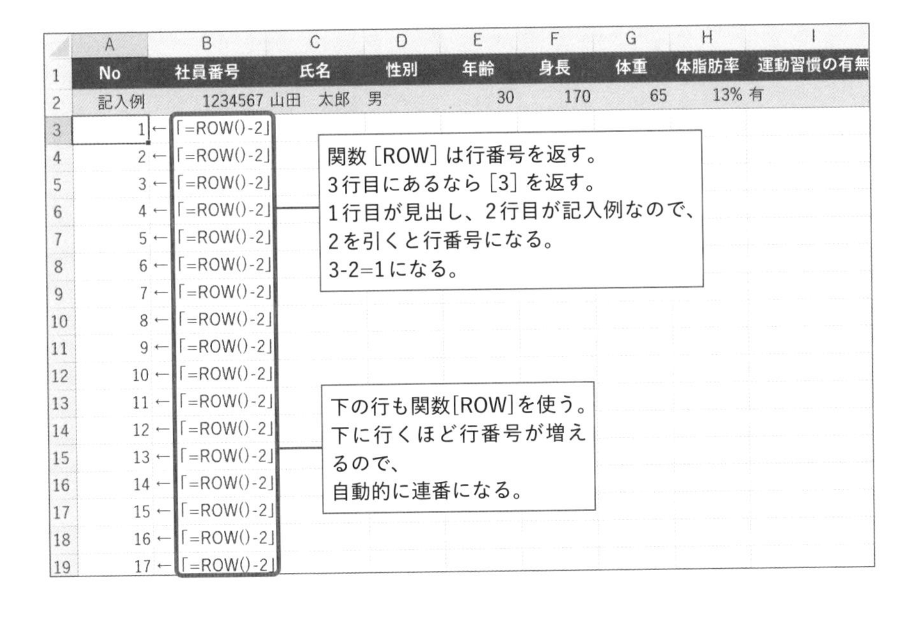

	A	B	C	D	E	F	G	H	I
1	No	社員番号	氏名	性別	年齢	身長	体重	体脂肪率	運動習慣の有無
2	記入例	1234567	山田　太郎	男	30	170	65	13%	有
3	1								
4	2								
5	3								
6	4								
7	5								
8	6								
9	7								
10	8								
11	9								
12	10								
13	11								
14	12								
15	13								
16	14								
17	15								
18	16								
19	17								

行番号をラクに入れることができました。

Point

- 行番号で一つひとつのデータを見分けやすくする
- 行番号はROW関数で入れると、行の削除や追加があっても変更不要で便利

Chapter 3

3-7 数字は「右揃え」が原則

いよいよ「入力するセル」を整えていきます。ちなみに、入力するセルのことを「入力するフィールド」と呼びます。社員番号や氏名などの値を入力するセル全般のことです。

セルの値は、次のルールで揃えることを原則にしてください。

「文字は左揃え、数字は右揃え」。理由を解説していきます。

文字は左揃え、数字は右揃え

「文字は左揃え、数字は右揃え」はExcelの基本仕様です。

なぜこのルールになっているのというと、文字については、日本語や英語は、左から右に向かって書き進めます。この本も左から右に書かれています。つまり、文字は、左から右に文字が流れる**「左揃え」が一番読みやすい**のです。

もし、文字を中央揃えや右揃えにしていたら、今すぐやめましょう。

もちろん、ポスターやチラシなどの場合は、デザイン的に中央揃えや右揃えにしたほうが見やすくなる場合もあります。ですが、Excel上ではそうした配慮はむしろ混乱を招くのでやめたほうが無難です。

そして、数字です。「数字は右揃え」が原則ですが、なぜか？

それを説明するために、まず次の数字を見比べてみてください。

■ 左揃え、中央揃え、右揃えのどれが一番見やすいか？

左揃え	中央揃え	右揃え
1	1	1
1,000	1,000	1,000
10,000	10,000	10,000
1,000,000	1,000,000	1,000,000
1,002,003,000	1,002,003,000	1,002,003,000

こうして並べてみると、**数字は右揃えが一番見やすい**のではないでしょうか。
数字を右で揃えた場合、桁がひと目見て分かります。左揃えや中央揃えは、パッと見て、それぞれの桁数がいくつか分からないのではないでしょうか。

Excelは数字を右揃えに表示します。上記の通り、右揃えのほうが数値を確認しやすいからです。

数字にせよ、文字にせよ、「中央揃え」にする人が結構います。「そのほうが見た目が整って見える」「かっこよく見える」「中央揃えで一応揃っているから、それでいいじゃん」など理由はさまざまでしょう。
でも、会社のえらい人ほど、数字が右に寄っていないことを嫌がります。中央に寄せた数字を見せようものなら、注意されること間違いなし。注意を受ける前に「数字は右揃え」と覚えておきましょう。

ちなみに、数字は上の表のように3桁ごとに「,」で区切ることでも忘れないようにしてください。「,」があると、桁数がひと目で分かります。3桁毎に区切るには、セルの書式設定か、[Ctrl + Shift + 1] を押すと一発で変更できます。

ちなみに、日付と時刻もデフォルトで右揃えになりますが、日付と時刻はExcel上「シリアル値」という数字で管理されているためです（詳しくは第6章で解説します）。

Excelの標準設定では「文字は左揃え」「数字は右揃え」「日付や時刻も右揃え」になっています。それには明確な理由があります。個人の好みはあると思いますが、ここはExcelの標準に準ずるのが最適です。

Point

- 「文字は左揃え、数字は右揃え」にすると分かりやすいデータになる

Chapter 3

3-8 誰が見ても見やすい「列幅」にする

入力する値の揃え方が決まったら、次は列幅を整えます。

あまり知られていませんが、**列幅を整えるだけでExcelの見た目は驚くほど見やすくなります。**

試しに、次の図を見比べてください。

✕ 列幅が狭いと、窮屈で見づらくなってしまう

	A	B	C	D	E	F	G	H	I	J
1	No	社員番号	氏名	性別	年齢	身長	体重	体脂肪率	運動習慣の有無	運動の種類
2	記入例	1234567	山田　太郎	男	30	170	65	13%	有	ランニング
3	1	15340623	織田　信長	男	27	175	67.4	14%	有	狩猟
4	2	15370317	豊臣　秀吉	男	24	168	62.1	15%	有	ランニング
5	3	15430131	徳川　家康	男	22	170	72.3	23%	無	
6	4	15211201	武田　信玄	男	50	178	69.7	14%	無	
7	5	15300218	上杉　謙信	男	48	182	69.1	10%	有	剣術
8	6									

〇 列幅が広いと、一つひとつのデータが分断され、見やすくなる

	A	B	C	D	E	F	G	H	I	J
1	No	社員番号	氏名	性別	年齢	身長	体重	体脂肪率	運動習慣の有無	運動の種類
2	記入例	1234567	山田　太郎	男	30	170	65	13%	有	ランニング
3	1	15340623	織田　信長	男	27	175	67.4	14%	有	狩猟
4	2	15370317	豊臣　秀吉	男	24	168	62.1	15%	有	ランニング
5	3	15430131	徳川　家康	男	22	170	72.3	23%	無	
6	4	15211201	武田　信玄	男	50	178	69.7	14%	無	
7	5	15300218	上杉　謙信	男	48	182	69.1	10%	有	剣術
8	6									

上の図は、列の幅をExcelで自動的に調整したものです。列と列の間にカーソルを合わせ、ダブルクリックすると、列幅が自動的に調整されます。

下の図は、列の幅を私が任意の数字で指定したものです。上の図に比べて、ゆとりをもって列幅を指定しています。

1つひとつのセルに余白をもたせることで、データの区別がつきやすくなり、判読しやすくなっているのが分かるでしょうか。つまり、**余白があるだけで、見**

やすくなるのです。

列幅は、入力されている値の長さによって決めるものですが、列幅を見やすく整えるには、2つのコツがあります。

①列幅が近いセルは「同じ幅」にする

1つ目のコツは、**列幅が近いセルは「同じ幅」にすること**です。

今回は、「社員番号」と「氏名」が近い幅なので、列幅を「15」に揃えました。同じように、性別、年齢、身長、体重、体脂肪率も幅が近いので同じ列幅に揃えています。

列幅を指定して揃える方法は次の通りです。

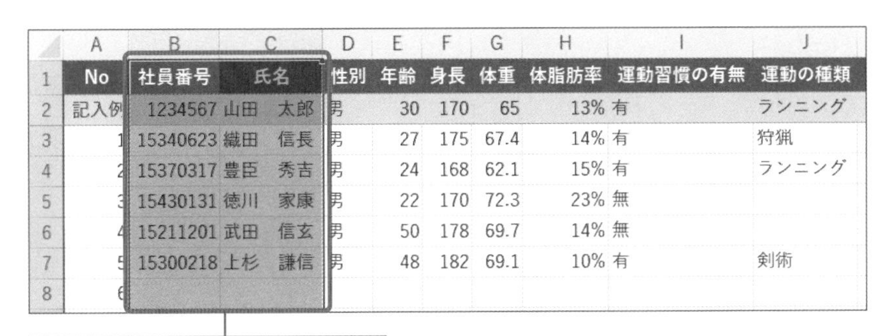

	A	B	C	D	E	F	G	H	I	J
1	No	社員番号	氏名	性別	年齢	身長	体重	体脂肪率	運動習慣の有無	運動の種類
2	記入例	1234567	山田　太郎	男	30	170	65	13%	有	ランニング
3	1	15340623	織田　信長	男	27	175	67.4	14%	有	狩猟
4	2	15370317	豊臣　秀吉	男	24	168	62.1	15%	有	ランニング
5	3	15430131	徳川　家康	男	22	170	72.3	23%	無	
6	4	15211201	武田　信玄	男	50	178	69.7	14%	無	
7	5	15300218	上杉　謙信	男	48	182	69.1	10%	有	剣術
8	6									

❶［社員番号］と［氏名］の列を選ぶ

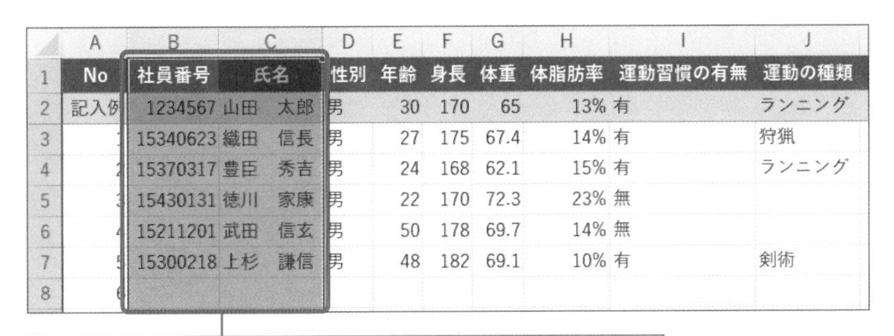

	A	B	C	D	E	F	G	H	I	J
1	No	社員番号	氏名	性別	年齢	身長	体重	体脂肪率	運動習慣の有無	運動の種類
2	記入例	1234567	山田　太郎	男	30	170	65	13%	有	ランニング
3	1	15340623	織田　信長	男	27	175	67.4	14%	有	狩猟
4	2	15370317	豊臣　秀吉	男	24	168	62.1	15%	有	ランニング
5	3	15430131	徳川　家康	男	22	170	72.3	23%	無	
6	4	15211201	武田　信玄	男	50	178	69.7	14%	無	
7	5	15300218	上杉　謙信	男	48	182	69.1	10%	有	剣術
8	6									

❷［社員番号］と［氏名］の列を選んだ状態で［右クリック］を押す

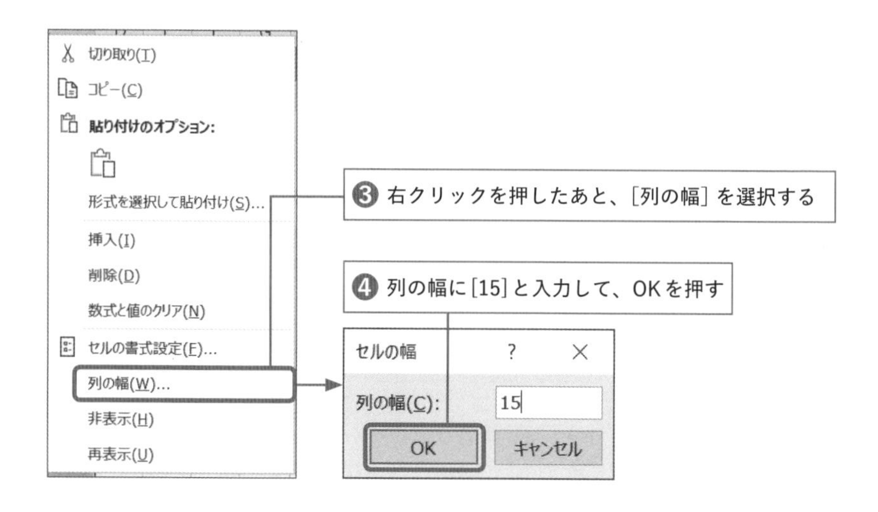

②余白は大きめに取る

列幅を設定するときは、少し余白を大きめにもたせます。余白はプレゼン資料でも効果的ですが、私は『けっきょく、よはく』(ソシム) という本に出会い、余白の重要性を知りました。余白について詳しく理解したい人におすすめです。

Point

- 列幅を調整するだけで、Excelの見た目はよくなる
- 列幅が広くなると、1つひとつのデータが見分けやすい

Chapter 3 3-9 「罫線」でデータの区切りをつける

列幅が整ったら、罫線で見た目を整えていきます。

余談ですが、初期のExcelには罫線はありませんでした。実は罫線は、日本が要望してのちに追加された機能なのです。日本から生み出されたものが世界で使われていると思うと、なんだかうれしい気持ちになりますね。

そんな罫線ですが、**すべてを線で埋めるのはおすすめしません。**

✕ 罫線で埋め尽くされた表は、窮屈な印象を与えてしまう

	A	B	C	D	E	F	G	H	I	J
1	No	社員番号	氏名	性別	年齢	身長	体重	体脂肪率	運動習慣の有無	運動の種類
2	記入例	1234567	山田　太郎	男	30	170	65	13%	有	ランニング
3	1	15340623	織田　信長	男	27	175	67.4	14%	有	狩猟
4	2	15370317	豊臣　秀吉	男	24	168	62.1	15%	有	ランニング
5	3	15430131	徳川　家康	男	22	170	72.3	23%	無	
6	4	15211201	武田　信玄	男	50	178	69.7	14%	無	
7	5	15300218	上杉　謙信	男	48	182	69.1	10%	有	剣術
8	6									

線だらけになると、せまくて、窮屈な見え方になります。確かにデータの区切りは分かりやすくなるのですが、せっかくの余白や余裕がなくなります。

そうならないように、**私の罫線のルールは一つで、「薄い点線で横線を引く」だけです。**縦線は引きません。

また、この段階まできたら、目盛線も消すようにしています。

目盛線はもともとシート上にあるセルとセルの間に引かれた灰色の線です。画面上で一つ一つのセルを区別するためにある線ですが、ここまで作業が進んできたら、返って邪魔なので、設定で消してしまいます。

■ 目盛線をのチェックを外すことで、うすいグレーの線が消える

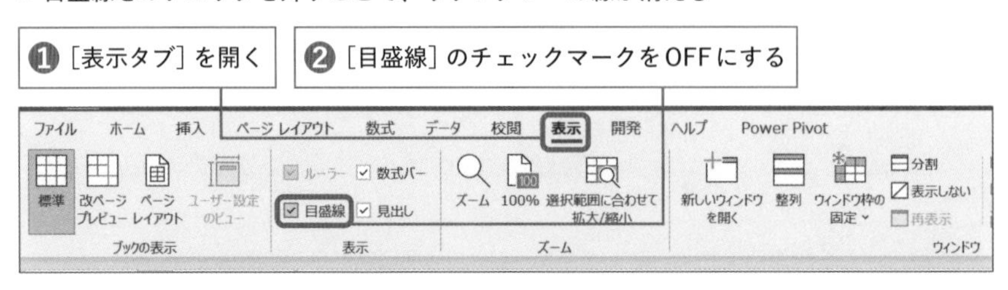

No	社員番号	氏名	性別	年齢	身長	体重	体脂肪率	運動習慣の有無	運動の種類
記入例	1234567	山田 太郎	男	30	170	65	13%	有	ランニング
1	15340623	織田 信長	男	27	175	67.4	14%	有	狩猟
2	15370317	豊臣 秀吉	男	24	168	62.1	15%	有	ランニング
3	15430131	徳川 家康	男	22	170	72.3	23%	無	
4	15211201	武田 信玄	男	50	178	69.7	14%	無	
5	15300218	上杉 謙信	男	48	182	69.1	10%	有	剣術
6									
7									

「薄い点線」で横線を引く

目盛線を消したら、罫線の設定です。

罫線は薄い目の細かい点線で横線だけを引きます。

罫線は次の手順で引いていくとやりやすいです。

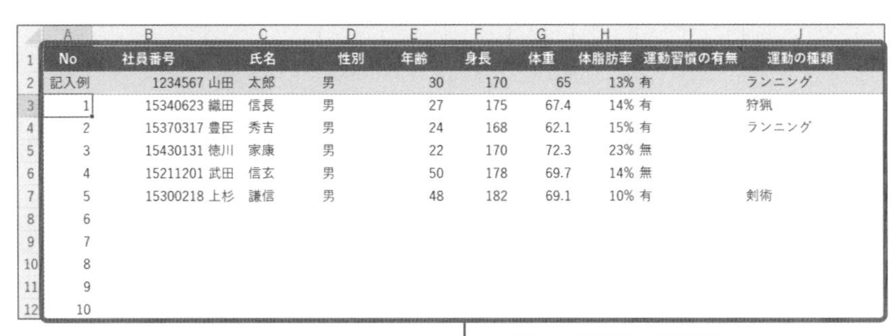

No	社員番号	氏名	性別	年齢	身長	体重	体脂肪率	運動習慣の有無	運動の種類
記入例	1234567	山田 太郎	男	30	170	65	13%	有	ランニング
1	15340623	織田 信長	男	27	175	67.4	14%	有	狩猟
2	15370317	豊臣 秀吉	男	24	168	62.1	15%	有	ランニング
3	15430131	徳川 家康	男	22	170	72.3	23%	無	
4	15211201	武田 信玄	男	50	178	69.7	14%	無	
5	15300218	上杉 謙信	男	48	182	69.1	10%	有	剣術
6									
7									
8									
9									
10									

❶ Ctrl + A を操作して表のすべてを選択した状態で、Ctrl + 1 を操作してセルの書式設定を開く

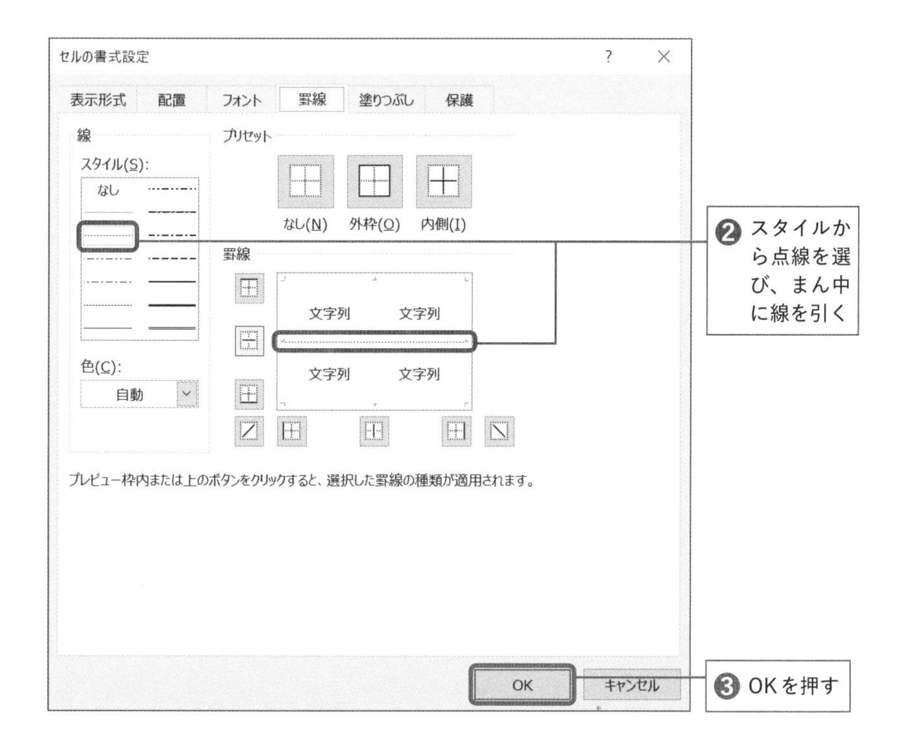

横線だけしか引かないのは、縦の線を引く必要がないからです。先ほど、列幅を調整するときに、横の余白を広めにとりましたが、これは左右の区別をしやすくするためです。つまり、**目に見えない縦線を余白で引いている**のです。

「上下にも余白を持たせては？」
と思うかもしれませんが、するとデータが縦に長くなりすぎてしまい、見づらくなるので、縦の区切りは横線を使います。

Point

- 表の罫線は横線だけにして、あとは余白で見やすい表にする

Chapter 3
3-10

「入力規則」で勝手な入力を予防する

データを入力するときに一番気をつけたいのが、入力ミスです。

その**入力ミスを未然に防ぐための機能が「入力規則」**です。

「入力規則」で数字のみ入力可にする

「入力規則」とは、決まった法則以外の入力を禁止する機能です。

たとえば、「年齢は必ず数字で入力してほしい」ときは、数字以外は入力できないように設定できます。もし数字以外が入力されたらエラーになります。

試しに整数しか入力できないように入力規則を設定してみます。

入力規則を設定したセルに「20」と入力してみます。問題なく入力ができました。

次に「20歳」と入力してみます。エラーメッセージが表示され、入力ができませんでした。

■ [20歳]と入力して[年齢は数字を入力してください]と表示されればOK

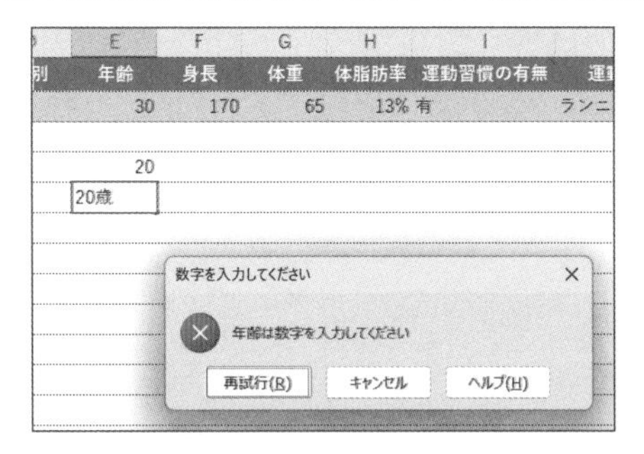

では入力規則を設定する手順を解説します。

	A	B	C	D	E	F	G	H	I	J
1	No	社員番号	氏名	性別	年齢	身長	体重	体脂肪率	運動習慣の有無	運動の種類
2	記入例	1234567	山田 太郎	男	30	170	65	13%	有	ランニング
3	1									
4	2									

❶ 年齢があるE列をクリックする

❷［データタブ］を開く
❸［データの入力規則］を選択する
ファイル
ホーム
挿入
ページ レイアウト
数式
データ
校閲
表示
開発
ヘルプ
Power Pivot
テキストまたは CSV から
最近使ったソース
Web から
既存の接続
テーブルまたは範囲から
データの取得と変換
クエリと接続
プロパティ
リンクの編集
すべて更新
並べ替え
フィルター
クリア
再適用
詳細設定
並べ替えとフィルター
区切り位置
データ ツール
What-If 分析
予測シート
予測

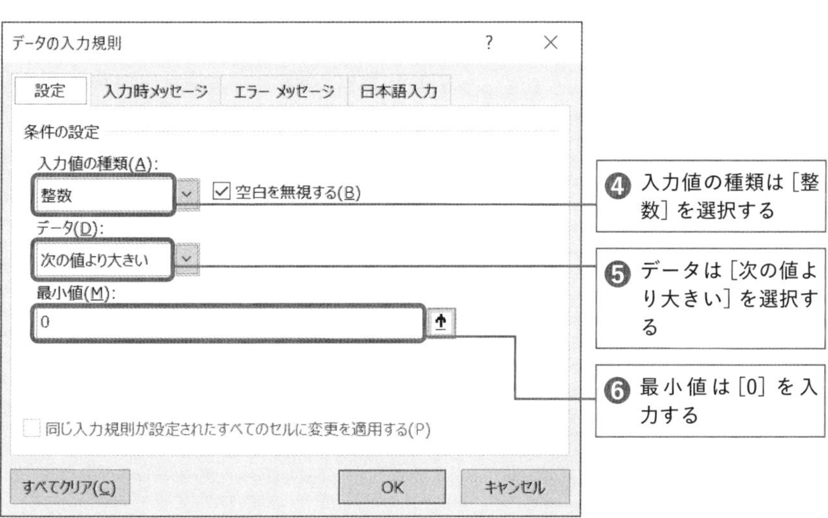
データの入力規則
設定
入力時メッセージ
エラー メッセージ
日本語入力
条件の設定
入力値の種類(A):
整数
空白を無視する(B)
データ(D):
次の値より大きい
最小値(M):
0
同じ入力規則が設定されたすべてのセルに変更を適用する(P)
すべてクリア(C)
OK
キャンセル
❹入力値の種類は［整数］を選択する
❺データは［次の値より大きい］を選択する
❻最小値は［0］を入力する

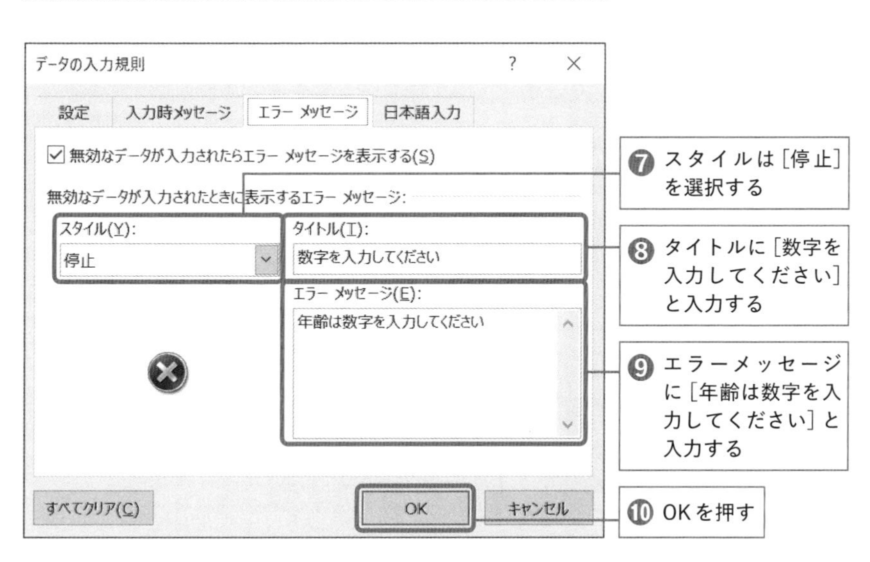
データの入力規則
設定
入力時メッセージ
エラー メッセージ
日本語入力
無効なデータが入力されたらエラー メッセージを表示する(S)
無効なデータが入力されたときに表示するエラー メッセージ:
スタイル(Y):
停止
タイトル(T):
数字を入力してください
エラー メッセージ(E):
年齢は数字を入力してください
すべてクリア(C)
OK
キャンセル
❼スタイルは［停止］を選択する
❽タイトルに［数字を入力してください］と入力する
❾エラーメッセージに［年齢は数字を入力してください］と入力する
❿OKを押す

人によって悪意がなくても、うっかりこうした入力の変化をつける人がなかにはいます。育った環境や普段よく使う言葉、考え方が違う人が多い時代なので、この機能を使って、誰でも同じような入力をする仕組みを作っておくと便利です。

ちなみに、表示できるエラーメッセージは3種類あります。

①停止＝条件に合わない一切の入力を受け付けません。今回選んだものです。
②注意＝条件に合わないデータが入力されたら、入力者にそのまま入力するかどうかを「はい」「いいえ」で選択させます。入力内容に間違えがないか注意を促すのに使えます。
③情報＝条件に合わないデータが入力されたことだけ知らせて、そのまま入力されます。簡単な注意を促すことができます。

入力規則のエラーメッセージは、受け取った人によっては強い不快感を受け取る場合があります。3つのエラーメッセージを入力者の性質に合わせて柔軟に変えることで、入力しやすいフォーマットを作るのも大切な技術です。

相手の気持ちを想像しながら…

Point

- 入力ミスを防ぐために、「入力規則」で禁止ルールを作る
- 「エラーメッセージ」は相手と状況で使い分ける

Chapter 3 3-11 「リスト」から選ばせる

入力規則を使えば、こちらが指定する値以外は入力できないようにすることができますが、「じゃあ何なら入力できるんだ」と入力者を混乱させることもあります。

そこで使えるのが「入力規則」の「リスト」という機能です。

「リスト」で入力内容を選ばせる

ここでは、「運動習慣の欄」に入力規則を設定します。

「運動習慣はありますか？」と質問すれば、たいてい「ある」か「ない」と返ってきます。

「どれくらい、ありますか？」と聞けば「ほぼ毎日」「たくさん」「ときどき」「週に1日」などの答えが返ってくるでしょう。

「あり」と「なし」のように、イエスかノーで答えられる質問を「クローズ質問」、イエスノーだけでは答えられない質問を「オープン質問」と言いますが、のちのデータ分析まで考えると、オープン質問も、**できるだけ回答の傾向を絞りたい**ものです。

「リスト」で入力内容を選ばせる

そこで活躍するのが、「入力規則」の「リスト」という機能です。

試しに、「運動習慣の有無」の列に「リスト」を設定してみます。

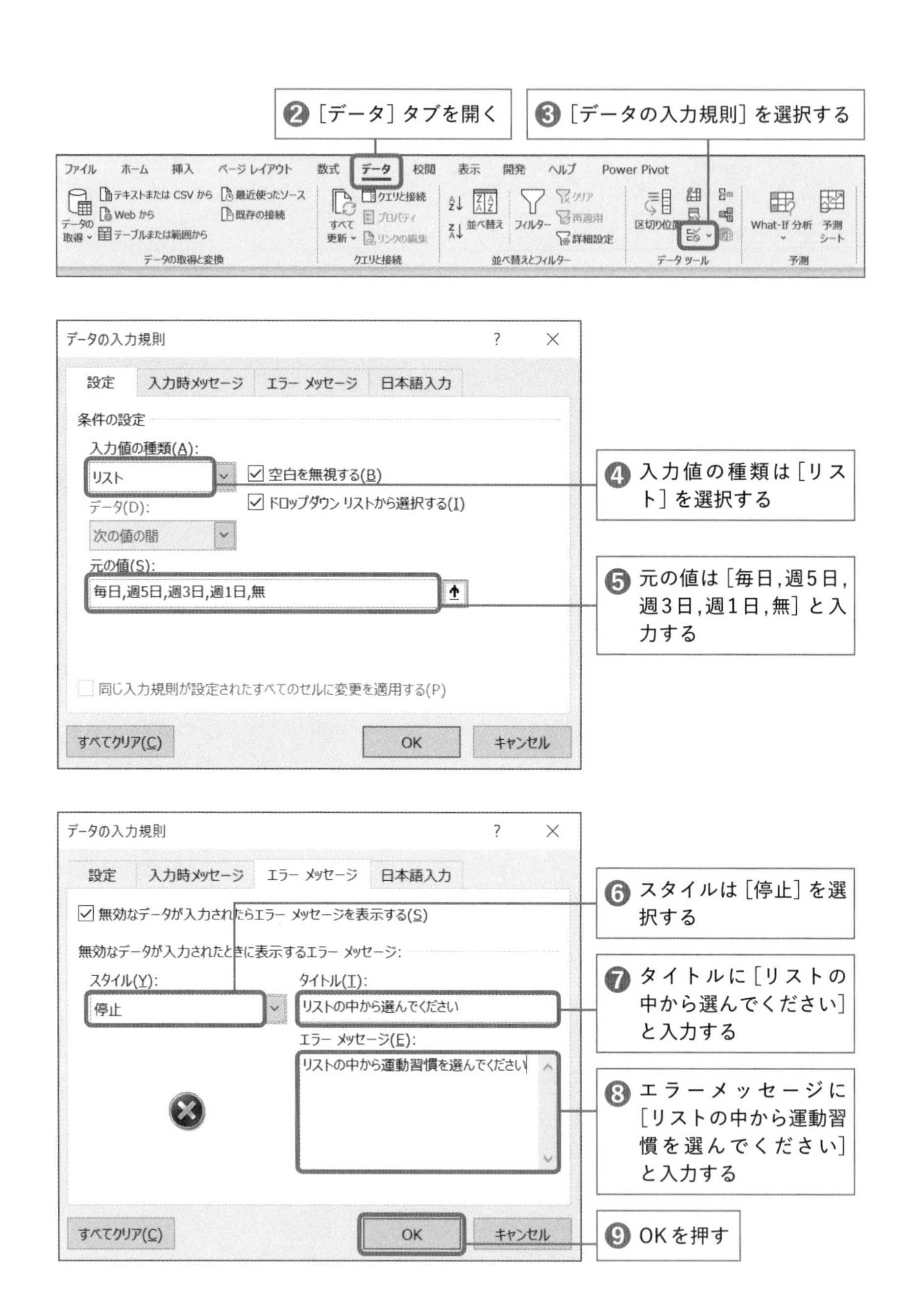

設定できたら、「運動習慣の有無」の1行目のセルを選択します。

■ 入力規則で設定したリストが、プルダウンから選択できるようになる

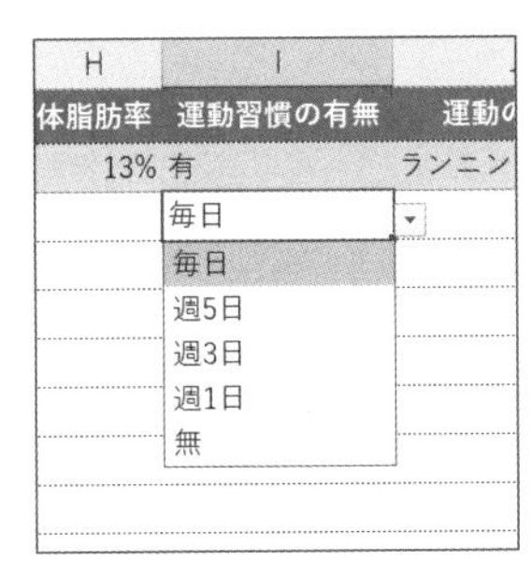

プルダウンでリストが表示されて、その中から選べるようになりました。一方、リストにないものを、入力しようとするとエラーが表示されます。

■ プルダウンにないものを入力した場合、エラーメッセージが表示される

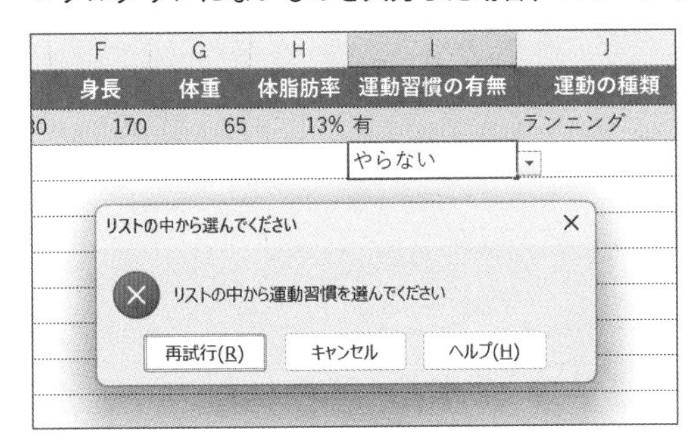

Point

- 「リスト」を使えば、決められた選択肢から回答を選んでもらえる

Chapter 3 3-12 「条件付き書式」で入力ミスを炙り出す

「条件付き書式」を使って、入力者に入力ミスに気づいてもらう方法を紹介します。「条件付き書式」とは、セルに特定の入力がされたときに、文字色や背景色を自動的に変更する機能です。これを使って、入力ミスを促します。

前節までの「入力規則」は入力ミスを防ぐことと、予め用意した選択肢から選ばせることで、同じく入力ミスを防ぐことができる機能でした。

しかし、「入力規則」は原則的に「これしか入力できない」と強いメッセージを送るので、あまり頻繁に使うと入力者の結構なストレスになります。

そんなときに、**やんわりと注意を促す方法として使えるのが、「条件付き書式」**です。

「条件付き書式」で特定の入力をハイライトする

条件付き書式は、こちらが指定する条件を満たしたときに、文字の色を変えたり、背景色を変えることができます。

体脂肪率を例に、条件付き書式の使い方を見てみましょう。

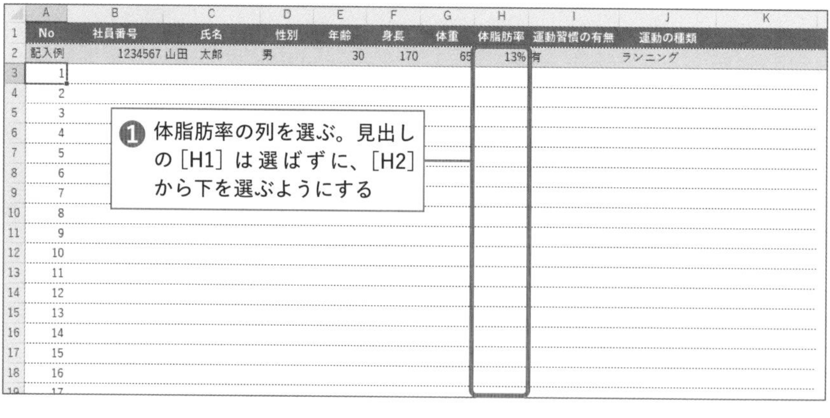

	A	B	C	D	E	F	G	H	I	J	K
1	No	社員番号	氏名	性別	年齢	身長	体重	体脂肪率	運動習慣の有無	運動の種類	
2	記入例	1234567	山田　太郎	男	30	170	65	13%	有	ランニング	
3	1										
4	2										
5	3										
6	4										
7	5										
8	6										
9	7										
10	8										
11	9										
12	10										
13	11										
14	12										
15	13										
16	14										
17	15										
18	16										
19	17										

❶ 体脂肪率の列を選ぶ。見出しの［H1］は選ばずに、［H2］から下を選ぶようにする

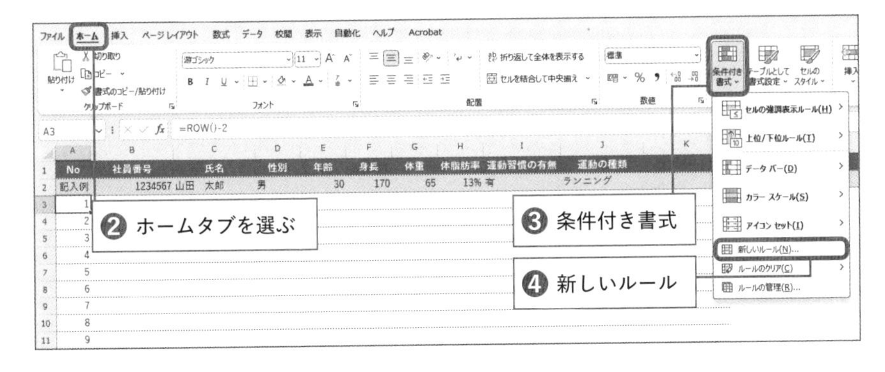
❷ ホームタブを選ぶ
❸ 条件付き書式
❹ 新しいルール

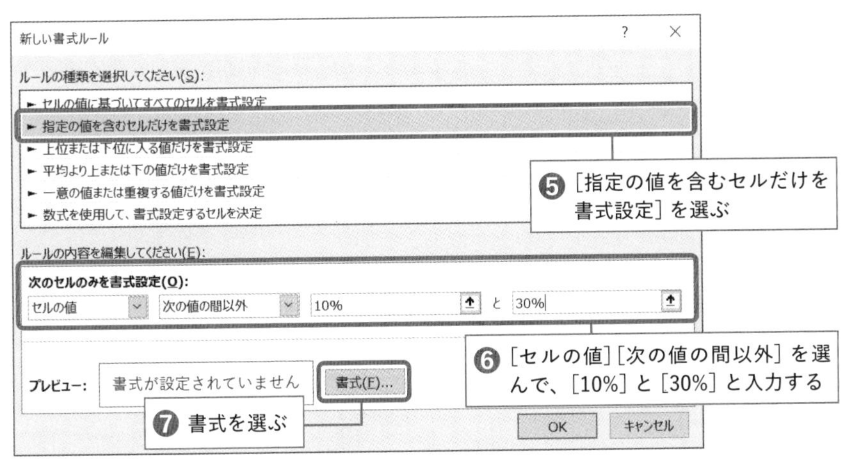
新しい書式ルール
ルールの種類を選択してください(S):
► セルの値に基づいてすべてのセルを書式設定
► 指定の値を含むセルだけを書式設定
► 上位または下位に入る値だけを書式設定
► 平均より上または下の値だけを書式設定
► 一意の値または重複する値だけを書式設定
► 数式を使用して、書式設定するセルを決定
ルールの内容を編集してください(E):
次のセルのみを書式設定(O):
セルの値
次の値の間以外
10%
と
30%
プレビュー:
書式が設定されていません
書式(F)...
OK
キャンセル
❺ [指定の値を含むセルだけを書式設定] を選ぶ
❻ [セルの値] [次の値の間以外] を選んで、[10%] と [30%] と入力する
❼ 書式を選ぶ

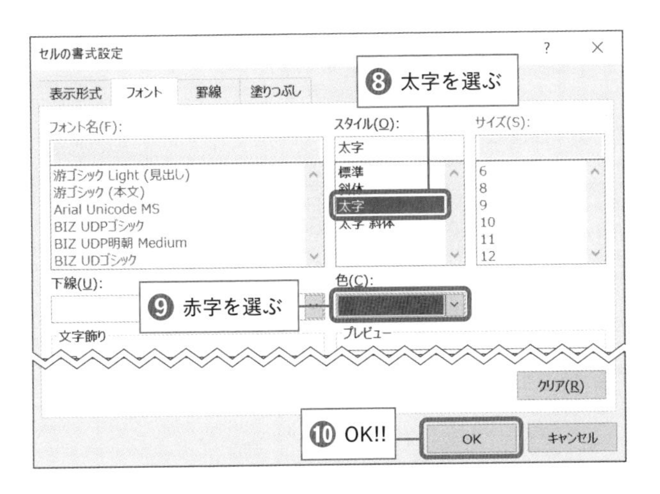
セルの書式設定
表示形式
フォント
罫線
塗りつぶし
フォント名(F):
スタイル(O):
サイズ(S):
游ゴシック Light (見出し)
游ゴシック (本文)
Arial Unicode MS
BIZ UDPゴシック
BIZ UDP明朝 Medium
BIZ UDゴシック
標準
斜体
太字
太字 斜体
6
8
9
10
11
12
下線(U):
色(C):
文字飾り
プレビュー
クリア(R)
OK
キャンセル
❽ 太字を選ぶ
❾ 赤字を選ぶ
❿ OK!!

「条件付き書式」の設定ができたら、試してみましょう。

「10%未満または30%を超えた」場合、赤文字になるかチェックします。

「9%」と「31%」を入力すると、赤い太文字になります。「16%」と入力すると、赤い太文字にはなりません。

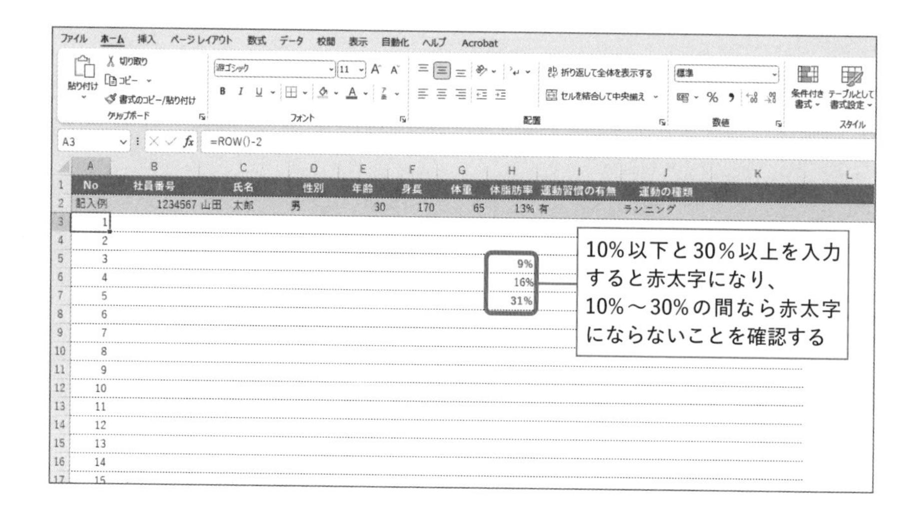

条件付き書式はデータ分析の際に、データの傾向をハイライトで示したりするのにも使えます。使い方は今回と同じなので、覚えておくと便利です。

Point

- 「条件付き書式」は自動的に文字色や背景色などを変えることができる
- 入力規則を使いたくないといは、条件付き書式で注意を促す
- 条件付き書式は注意を促すほかに、データの傾向をヴィジュアル化するときにも使える

Chapter 3 3-13 集めたデータの文字化けを解消する

前節まで、データを入力してもらい「新しいデータを集める方法」の解説をしました。関係者に必要な情報を入力してもらい、集める方法です。

データを集めるにはもう1つ別の方法があります。**「既存のデータを活用する方法」**です。前任者が過去に誰かが作ったデータや、Web上や社内システムからデータをもってくることで、用意する方法です。

特に、いまは会社のシステムにデータを蓄積することが当たり前になっています。経理なら会計システム、人事なら勤怠管理や人事管理システム、営業ならSFA（営業支援システム）やCRM（顧客管理システム）などが一般的です。

そうした「いま使っているシステム」からデータをもってくるのですが、たいていは「システムからダウンロード」することになります。

システムデータのダウンロード方法はシステム毎に異なるので、ここでは割愛しますが、システム担当者に確認すればすぐわかると思います。

ここでは、**データをダウンロードするときによく行き詰まる、「文字化け」の解消法を紹介**しておきます。

データの文字化けを解消する

システムからデータをダウンロードするときは、「文字化け」が大敵です。

データをダウンロードするとき、たいていCSVという形式でダウンロードするようになっているのですが、CSVという言葉を聞いたことはありますか？現在は、ほぼすべてがこの形式となっていると言っても過言ではありません。

CSVファイルが主流になっているのにはきちんと理由があって、ソフトウェアやアプリをまたいで、どんなソフトでも扱うことができるからです。

当然、Excelでも開くことができ、とにかく汎用性が高いファイルです。

ただし、それゆえに、次のような場面に遭遇することがあります。

■ ダウンロードしたCSVをExcelで開くと、解読不能な文字が表示される

	A	B	C	D	E	F	G	H	I	J	K
1	No	逭ｾ蜩｡逡ｪ	豌丞錐	諤ｧ蛻･	蟷ｴ鮨｢	霄ｫ髟ｷ	菴馴㍾	菴楢р閧ｪ邇・	驕句虚鄙呈・	驕句虚縺ｮ遞ｮ鬘・	
2	1	15340623	郢皮伐繝	逕ｷ	27	175	67.4	14%	騾ｱ1譌･	迢ｩ迪・	
3	2	15370317	雎願・・繝	24	168	62.1	15%	騾ｱ5譌･	繝ｩ繝ｳ繝九Φ繧ｰ		
4	3	15430131	蠕ｳ蟾晏ｮｶ	逕ｷ	22	170	72.3	23%	辟｡		
5	4	15211201	豁ｦ逕ｰ-繝	50	178	69.7	14%	辟｡			
6	5	15300218	荳頑攝隰呵	逕ｷ	48	182	69.1	10%	騾ｱ3譌･	蜑｣陦・	
7											
8											
9											

「呪文のような文字が表示されて、何が書かれているかよく分からない」

この現象は俗に「文字化け」と呼ばれます。文字化けは、CSVファイルの汎用性の高さゆえに起きる問題で、避けては通れない事象です。

でも安心してください。文字化けは、次の手順で簡単に解消できます。

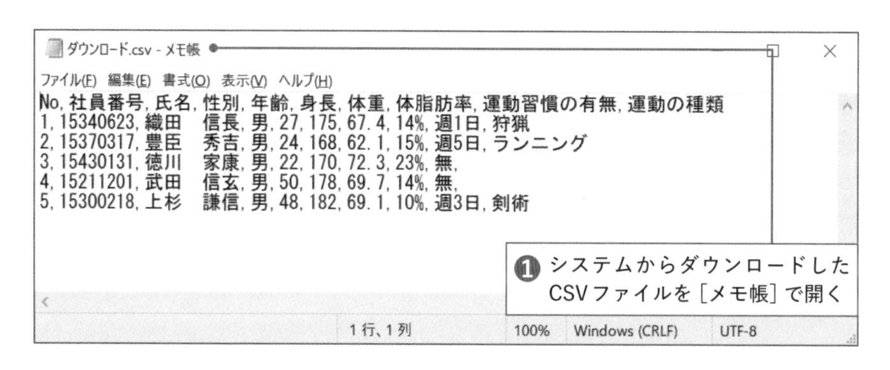

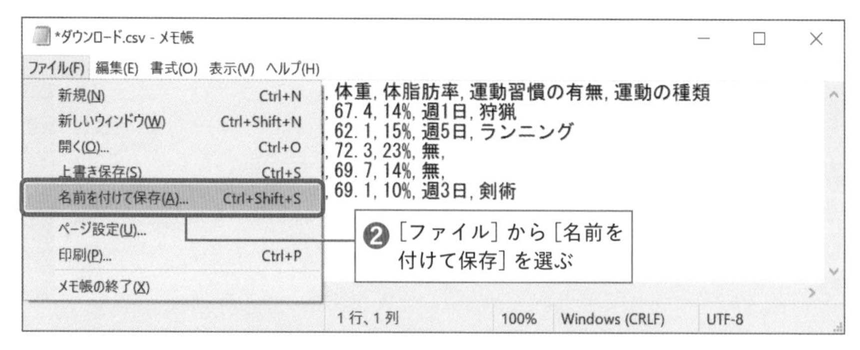

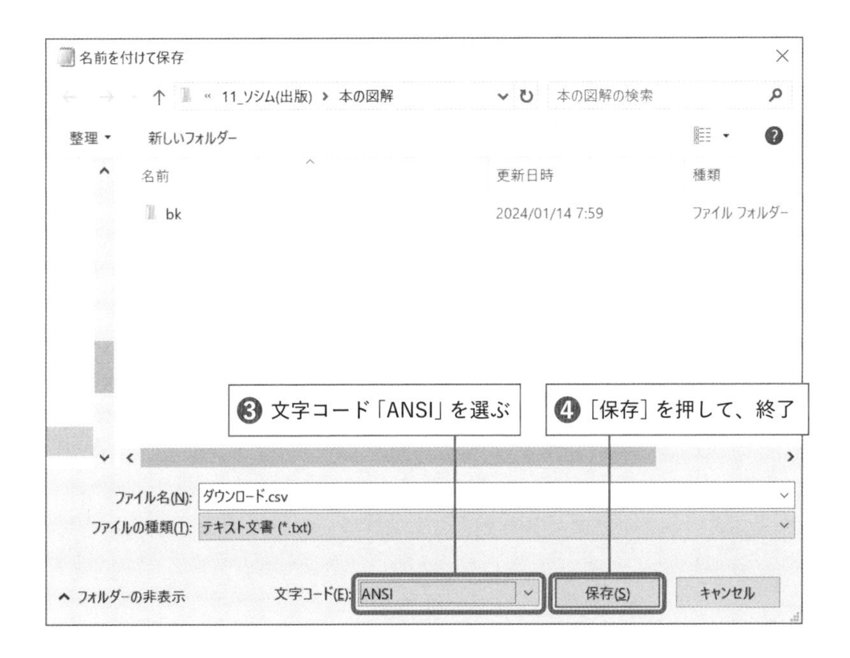

保存したCSVファイルをExcelで開くと、呪文が解けています。

	A	B	C	D	E	F	G	H	I	J
1	No	社員番号	氏名	性別	年齢	身長	体重	体脂肪率	運動習慣の有無	運動の種類
2	1	15340623	織田　信長	男	27	175	67.4	14%	週1日	狩猟
3	2	15370317	豊臣　秀吉	男	24	168	62.1	15%	週5日	ランニング
4	3	15430131	徳川　家康	男	22	170	72.3	23%	無	
5	4	15211201	武田　信玄	男	50	178	69.7	14%	無	
6	5	15300218	上杉　謙信	男	48	182	69.1	10%	週3日	剣術
7										
8										
9										

Point

- システムからデータをダウンロードするときは、CSVファイル！
- 「文字化け」しても慌てず、「メモ帳」で文字コードを変更して保存し直そう

Chapter 3

3-14 「CSVファイル」をExcelで使う

CSVファイルの文字化けを解消できたら、Excelファイルで保存し直します。なぜかというと、**CSVファイルのままだと、Excel上で行った操作や変更内容が正確に保存されない**からです。

Excelでは文字色を赤にしたり、背景を黄色にする「装飾」ができます。

でも同じ操作は一応CSVファイルでもできるのですが、保存することができないのです。試しにCSVファイルを開いて、文字を赤くして背景色を黄色くし、そのファイルを保存して閉じてみてください。改めてCSVファイルを開くと……文字は黒色で、背景色も無色に戻ってしまいます。

さらに、数式や関数も保存されず、グラフも消えてしまいます。ということで、**CSVファイルはExcelファイルとして、次の手順で保存し直す必要があります。**

	A	B	C	D	E	F	G	H	I	J	K
1	No	社員番号	氏名	性別	年齢	身長	体重	体脂肪率	運動習慣の有無	運動の種類	
2	1	15340623	織田　信長	男	27	175	67.4	14%	週1日	狩猟	
3	2	15370317	豊臣　秀吉	男	24	168	62.1	15%	週5日	ランニング	
4	3	15430131	徳川　家康	男	22	170	72.3	23%	無		
5	4	15211201	武田　信玄	男	50	178	69.7	14%	無		
6	5	15300218	上杉　謙信	男	48	182	69.1	10%	週3日	剣術	
7											
8											

❶ CSVファイルをExcelで開く

CSVはExcelで保存し直すのか。

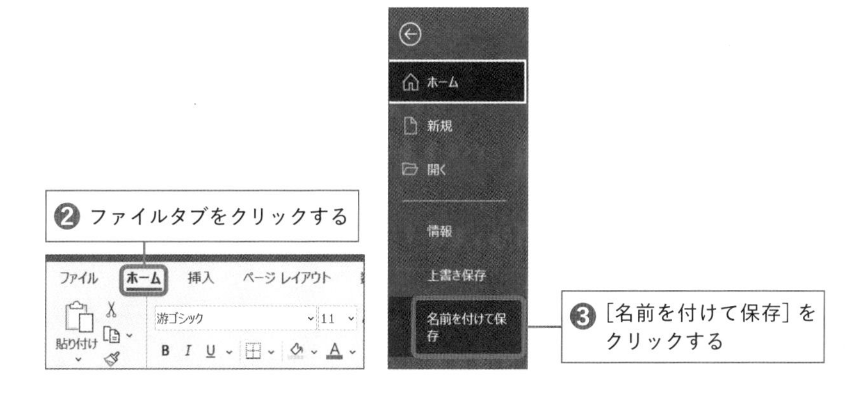

「名前を付けて保存」が最もオーソドックスな方法ですが、もう1つ便利な方法も紹介します。

CSVファイルの該当シートを、Excelファイルにそのまま移動する方法です。

この方法では、CSVファイルのシートを別のExcelファイルにコピーすることができます。コピーしたいExcelファイルは、開いた状態にしてください。

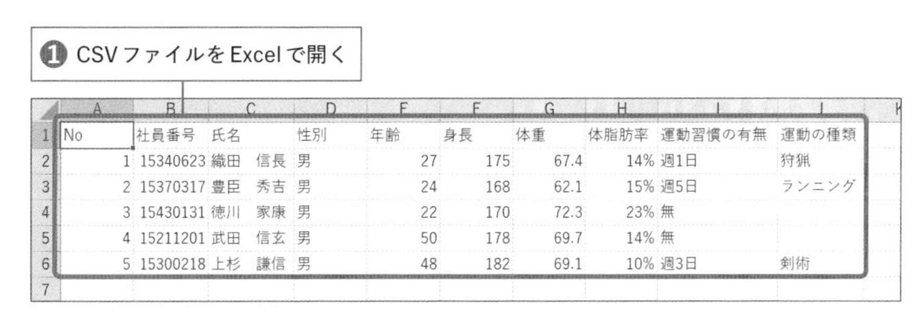

No	社員番号	氏名	性別	年齢	身長	体重	体脂肪率	運動習慣の有無	運動の種類
1	15340623	織田　信長	男	27	175	67.4	14%	週1日	狩猟
2	15370317	豊臣　秀吉	男	24	168	62.1	15%	週5日	ランニング
3	15430131	徳川　家康	男	22	170	72.3	23%	無	
4	15211201	武田　信玄	男	50	178	69.7	14%	無	
5	15300218	上杉　謙信	男	48	182	69.1	10%	週3日	剣術

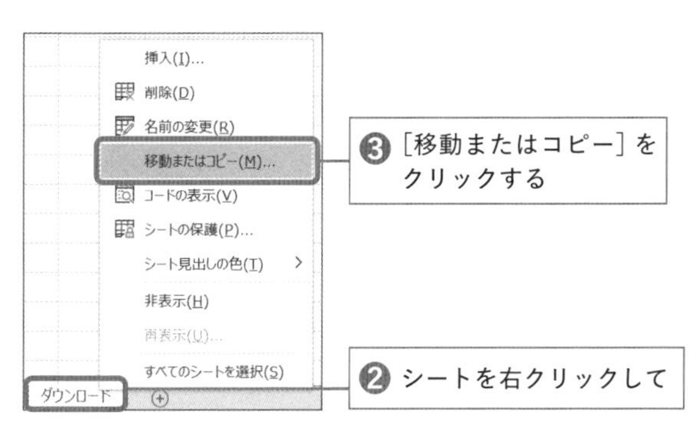

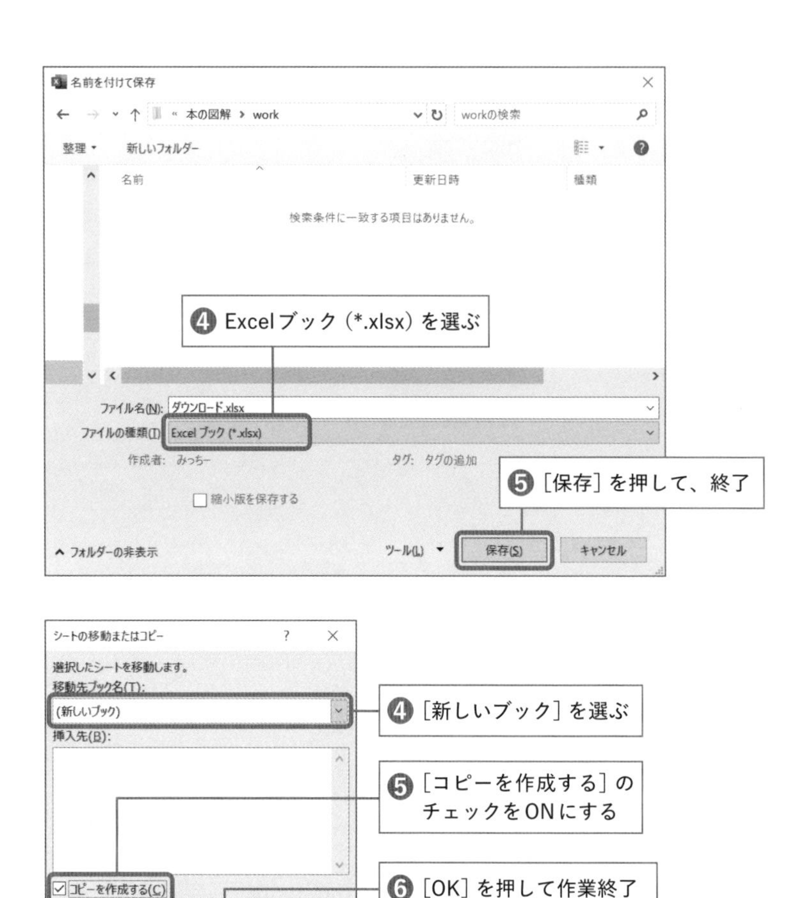

Point

- CSVファイルはExcelファイルに保存し直してから、作業する

第4章

まとめる

「データはあるけど、どう使えばいいの？」
ということはないでしょうか。
こうした行き詰まり、はよくあることです。
でも、初めからどう扱うか決めていれば、大丈夫。
「まとめる順番」を覚えて、サクッと作業を進めよう！

introduction

イントロダクション

「データを集めるだけでも、大変ですね」

「そうですね。しかし、何ごとも最初が肝心で、ここで妥協すると後々大変になるんですよ」

「大変になる、ですか？」

「Excel作業でいちばん気を付けたいのが、間違ったデータのまま作業を進めることです。作業の終盤になればなるほど、ミスを見つけるのが難しくなり、修正も大変になります」

「だから、入力規則で間違ったデータを入力できないようにしたり、条件付き書式で、入力する人に注意するんですね」

「その通りです。しかし、それでもやはり間違ったデータは出てしまいます。そこで、データをまとめる作業では、最初に間違ったデータを直す作業を行います。Excelの機能や関数を使って、効率よくデータを直す方法を解説します」

「先生、ほかにはどんなことが学べますか？」

「データをつなげる方法をお伝えします」

「データをつなげる？」

「2つに分かれたExcelファイルやCSVファイルのデータを、つなぎ合わせるのです。VLOOKUP関数を使った方法を解説しますが、VLOOKUP関数に対して難しい印象を持っている人が多いので、どこでつまずくのか、どこを注意すればよいかを重点的に解説していきます」

「難しそう～～～」

「コウジくん、諦めずについてきてくださいね。最後はデータ分析を解説します。分析と聞くと難しい印象があるかもしれませんが、誰でも使えて、そして役に立つ分析手法を3つ紹介します」

「統計学の知識は必要ですか？」

「統計学の知識は必要ありません。数学の難しい知識も要らず、『足す引く掛ける割る』の四則演算が分かれば大丈夫です」

Chapter 4 この章で学べること

第4章は「まとめる」を解説します。

料理でたとえると、食材を切ったり焼いたり、調理する作業です。牛肉や豚肉を生のまま食べると、お腹を壊してしまうかもしれません。焼いたり煮たり、お肉に火を通すことで安心して、おいしく食べられます。

Excelにも似たようなことが言えます。

集めたデータもそのままでは、何の意味もありません。データを足したり引いたり、分析をすることで、データの隠れた傾向が分かります。この**データに隠れた秘密を解き明かすのが「まとめる」作業**です。

まとめる作業は3段階に分かれます。

①ととのえる

集めたデータの形を整えます。文字列や数字、小数点などの形式をととのえる作業です。料理でいえば、食材の皮をむいたり、切ったりする下ごしらえです。

②つなぐ

新しく入力したデータやダウンロードしたデータを、1つにつなぎ合わせる作業です。たいてい複数シートにまたがっているので、VLOOKUP（ブイルックアップ）関数という関数を使ってつないでいきます。

③分析する

文字通り、上記でととのえたデータを分析し、傾向を明らかにします。

この「まとめる」の一連の作業を、第3章で作成したフォーマットに入力されたデータを使って解説していきます。

Chapter 4 4-1 データを「ととのえる」

第3章のフォーマットを使って集めたデータを、分析できる形にととのえていきます。

集めたすべてのデータが「思い通りの形」になっていればいいのですが、大半は修正が必要です。ここでいう「思い通りの形」ですが、ひと言でいうと「**分析ができるデータ**」です。つまり、「まとめる」の作業はすべて分析のための作業ともいえます。

さて、たとえばこんなデータが集まっている場合がほとんどなのですが、これではそのまま分析することはできません。

- 不要なスペースや改行がある
- データごとに不要な文字がある

といっても、1つひとつ手作業で修正するのは大変です。でも、安心してください。**Excelには、面倒な作業を簡単にすませる機能があります**。ここでは、それらを使ってデータを修正する方法を解説します。

データによって、どのような修正をするかが変わりますが、これから紹介する2つの方法で、たいていのデータはととのえられます。

①不要な文字を削除する
②スペースと改行をなくす

落ち着いて作業しよう

①不要な文字を削除する

たとえば、「-」（ハイフン）が入っていたり入っていなかったりするデータがあったとします。今回の例では、社員番号欄が該当します。

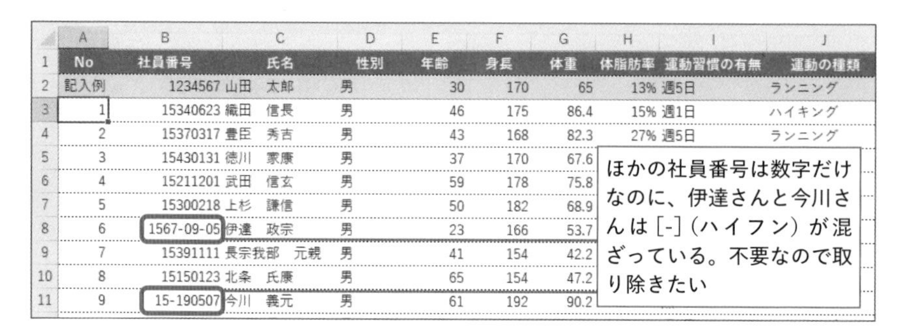

No	社員番号	氏名	性別	年齢	身長	体重	体脂肪率	運動習慣の有無	運動の種類
記入例	1234567	山田　太郎	男	30	170	65	13%	週5日	ランニング
1	15340623	織田　信長	男	46	175	86.4	15%	週1日	ハイキング
2	15370317	豊臣　秀吉	男	43	168	82.3	27%	週5日	ランニング
3	15430131	徳川　家康	男	37	170	67.6			
4	15211201	武田　信玄	男	59	178	75.8			
5	15300218	上杉　謙信	男	50	182	68.9			
6	1567-09-05	伊達　政宗	男	23	166	53.7			
7	15391111	長宗我部　元親	男	41	154	42.2			
8	15150123	北条　氏康	男	65	154	47.2			
9	15-190507	今川　義元	男	61	192	90.2			

「-」があるとデータの形式がそろわないので、分析の際に不具合がでます。そこで、［置換］という機能を使って次のように削除ししていきます。文字通り、文字の置き換えをする機能です。

❶ 社員番号の列を選択して Ctrl ＋ H と操作する

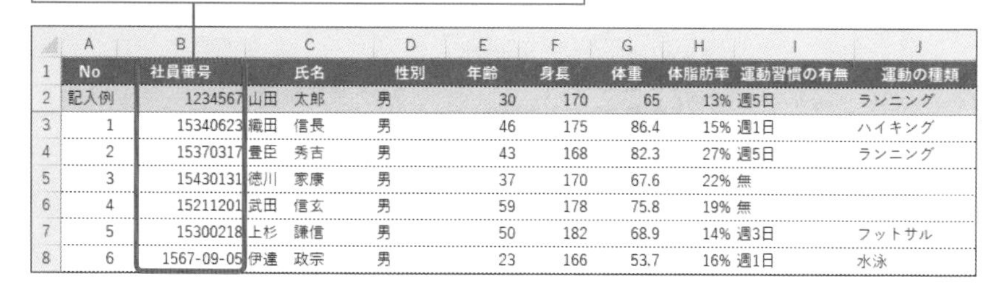

No	社員番号	氏名	性別	年齢	身長	体重	体脂肪率	運動習慣の有無	運動の種類
記入例	1234567	山田　太郎	男	30	170	65	13%	週5日	ランニング
1	15340623	織田　信長	男	46	175	86.4	15%	週1日	ハイキング
2	15370317	豊臣　秀吉	男	43	168	82.3	27%	週5日	ランニング
3	15430131	徳川　家康	男	37	170	67.6	22%	無	
4	15211201	武田　信玄	男	59	178	75.8	19%	無	
5	15300218	上杉　謙信	男	50	182	68.9	14%	週3日	フットサル
6	1567-09-05	伊達　政宗	男	23	166	53.7	16%	週1日	水泳

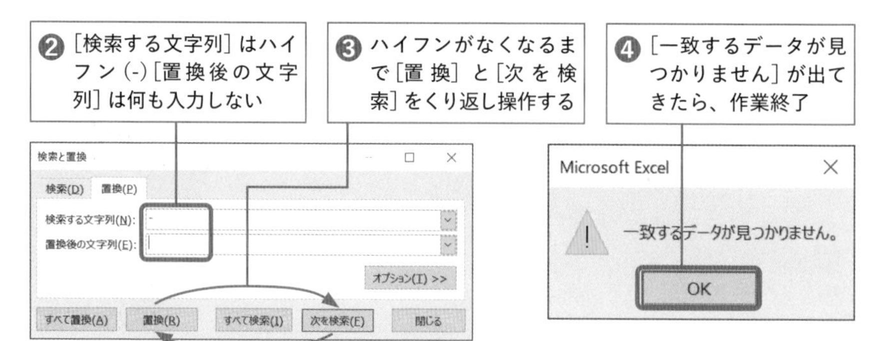

ここで［置換］の注意点をお伝えします。

手順①で「社員番号の列」を選択しましたが、［置換］の前に範囲指定をすると、指定範囲内のみ置換できます。範囲指定をしなかったら、「すべてのセル」が置換対象です。ちなみに、［検索］も同じです。この使い分けができると、データを探したい場所が決まっているときは、**先にセルの範囲を選んでおくと時短**になります。

今回のように「-」だけ置換する場合は「すべて置換」が使えますが、中には「置換したいケース」と「置換したくないケース」が混在している場合もあります。そのときは、［置換］で1つずつ置換しますが、数が多いと「次を検索→置換→次を検索……」という作業は結構面倒です。

そこでショートカットです。案外知られていないのですが、検索は（F）、置換は（R）というアルファベットが文字に続いて書かれていますが、これは、Alt＋F（検索）、Alt＋R（置換）のショートカットを示しています。

「文字の後ろにアルファベットがあるときは、Altとそのキーを一緒に押すと、ショーットカット操作できる」と覚えておいてください。よく見ると、結構その表示がされた機能がExcelの中にはあります。

②スペースと改行をなくす

次の入力を見てください。

	A	B	C	D	E	F	G	H	I	J
1	No	社員番号	氏名	性別	年齢	身長	体重	体脂肪率	運動習慣の有無	運動の種類
2	記入例	1234567	山田　太郎	男	30	170	65	13%	週5日	ランニング
15	13	15300131	大友　義鎮	男	50	157	44.3	21%	週1日	ウォーキング
16	14	15330209	島津　義久	男	47	172	56.1	25%	週1日	サッカー
17	15	15671218	立花　宗茂	男	26	179	79.5	26%	無	
18	16	15380115	前田　利家	男	42	169	52.9	14%	週3日	サッカー
19	17	15220628	柴田　勝家	男						野球
20	18	15270919	酒井　忠次	男						卓球
21	19	15480317	本多　忠勝	男						[illegible]術
22	20	15480707	榊原　康政	男						
23	21	15610304	井伊　直政	男	24	176	66.2	25%	無	
24	22	15601012	石田　三成	男	25	187	87	18%	週1日	バトミントン
25	23	15620725	加藤　清正	男						フットサル
26	24	15461222	黒田　官兵衛	男						
27	25	15440927	竹中　半兵衛	男						ウォーキング
28	26	15560216	藤堂　高虎	男						

［加藤　清正］さんの名前の頭に、空白（スペース）がある。要らないので取り除きたい

［藤堂　高虎］さんの名前が改行されている。要らないので取り除きたい

氏名に「空白」や「改行」があります。データを集める際によく見かける光景です。空白や改行は、入力規則や条件付き書式では防げません。

スペースや改行は、関数を使って取り除きます。改行はCLEAN関数で、空白はTRIM関数で消していきます。このとき、

=CLEAN(TRIM(セル番号))

とすれば、1回の入力で空白と改行を取り除けます。

順番に操作方法を解説していきます。

	A	B	C	D	E	F	G	H	I	
1	No	社員番号	氏名	性別	年齢	身長	体重	体脂肪率	運動習慣の有無	
2	記入例	1234567	山田　太郎	男	30	170	65	13%	週5日	ラ
15	13	15300131	大友　義鎮	男	50	157	44.3	21%	週1日	ウ
16	14	15330209	島津　義久	男	47	172	56.1	25%	週1日	サ
17	15	15671218	立花　宗茂	男						
18	16	15380115	前田　利家	男						サ
19	17	15220628	柴田　勝家	男	58	162	54.8	16%	週1日	野
20	18	15270919	酒井　忠次	男	53	192	72.2	20%	週1日	卓
21	19	15480317	本多　忠勝	男	32	169	66.9	14%	週5日	剣
22	20	15480707	榊原　康政	男	32	157	57.3	26%	無	

❶［C列］を選択してから右クリックする

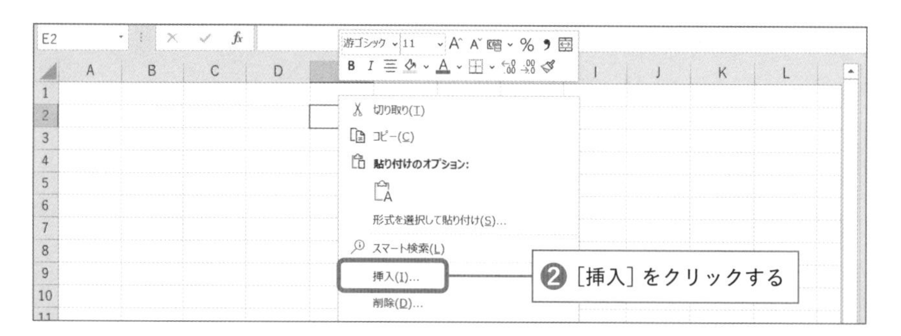

	A	B	C	D	E	F	G	H	I
1	No	社員番号	作業場	氏名	性別	年齢	身長	体重	体脂肪率
2	記入例	1234567		山田　太郎	男	30	170	65	13%
3	1	15340623		織田　信長	男	46	175	86.4	15%
4	2	15370317		豊臣　秀吉	男				
5	3	15430131		徳川　家康	男				
6	4	15211201		武田　信玄	男				
7	5	15300218		上杉　謙信	男				
8	6	15670905		伊達　政宗	男	23	166	53.7	16%

❸新しい［C列］が1列挿入される。他と区別するために、見出しに［作業場］と入力する

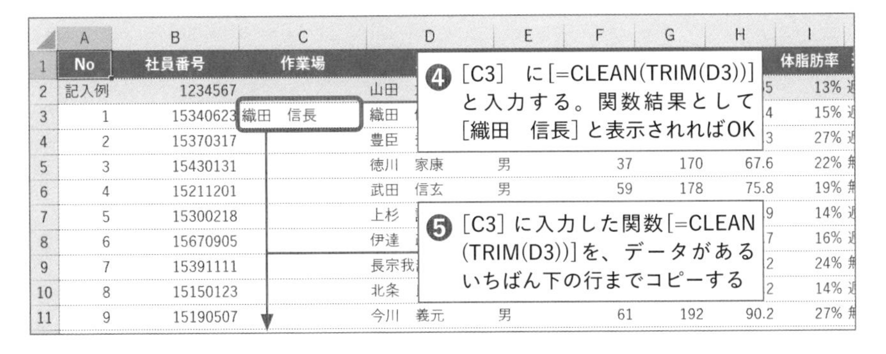

	A	B	C	D	E	F	G	H	I
1	No	社員番号	作業場	氏名	性別	年齢	身長	体重	体脂肪率
2	記入例	1234567		山田　太郎	男	30	170	65	13%
3	1	15340623	織田　信長	織田　信長	男	46	175	86.4	15%
4	2	15370317	豊臣　秀吉	豊臣　秀吉	男	43	168	82.3	27%
5	3	15430131	徳川　家康	徳川					22%
6	4	15211201	武田　信玄	武田					19%
7	5	15300218	上杉　謙信	上杉　謙信	男	50	182	68.9	14%
8	6	15670905	伊達　政宗	伊達　政宗	男	23	166	53.7	16%
9	7	15391111	長宗我部　元親	長宗我部　元親	男	41	154	42.2	24%

❻ 関数をコピーした結果を確認する。

	A	B	C	D	E	F	G	H	I
1	No	社員番号	作業場	氏名	性別	年齢	身長	体重	体脂肪率
17	15	15671218	立花　宗茂	立花　宗茂	男	26	179	79.5	26%
18	16	15380115	前田　利家	前田　利家	男	42	169	52.9	14%
19	17	15220628	柴田　勝家	柴田　勝家	男	58	162	54.8	16%
20	18	15270919	酒井　忠次	酒井　忠次	男	53	192	72.2	20%
21	19	15480317	本多　忠勝	本多　忠勝	男	32	169	66.9	14%
22	20	15480707	榊原　康政	榊原				57.3	26%
23	21	15610304	井伊　直政	井伊				66.2	25%
24	22	15601012	石田　三成	石田				87	18%
25	23	15620725	加藤　清正	加藤				82.3	17%
26	24	15461222	黒田　官兵衛	黒田　官兵衛	男	34	169	67.9	25%
27	25	15440927	竹中　半兵衛	竹中				79.3	20%
28	26	15560216	藤堂　高虎	藤堂				65.4	25%

❼ [加藤　清正] さんの名前の頭にあった空白（スペース）が、なくなっている

❽ [藤堂　高虎] さんの名前の改行が、取り除かれている

	A	B	C	D	E	F	G	H	I
1	No	社員番号	作業場					体重	体脂肪率
2	記入例	1234567		山田				65	13%
3	1	15340623	織田　信長	織田				86.4	15%
4	2	15370317	豊臣　秀吉	豊臣				82.3	27%
5	3	15430131	徳川　家康	徳川　家康	男	37	170	67.6	22%
6	4	15211201	武田　信玄	武田　信玄	男	59	178	75.8	19%

❾ 関数を入力した [C3] から最後の行までを選択して、Ctrl+C でコピーを操作する

	A	B	C	D	E	F	G	H	I
1	No	社員番号	作業場	氏名	性別				
2	記入例	1234567		山田　太郎	男				
3	1	15340623	織田　信長	織田　信長	男				
4	2	15370317	豊臣　秀吉	豊臣　秀吉	男				
5	3	15430131	徳川　家康	徳川　家康	男				
6	4	15211201	武田　信玄	武田　信玄	男	59	178	75.8	19%
7	5	15300218	上杉　謙信	上杉　謙信	男	50	182	68.9	14%

「作業場」に空白と改行を取り除いたデータが用意できたので、これを元のC列にコピペで戻していきます。戻す時は、関数ではなく、「織田　信長」などの値として戻したいので、[値貼り付け] をします。

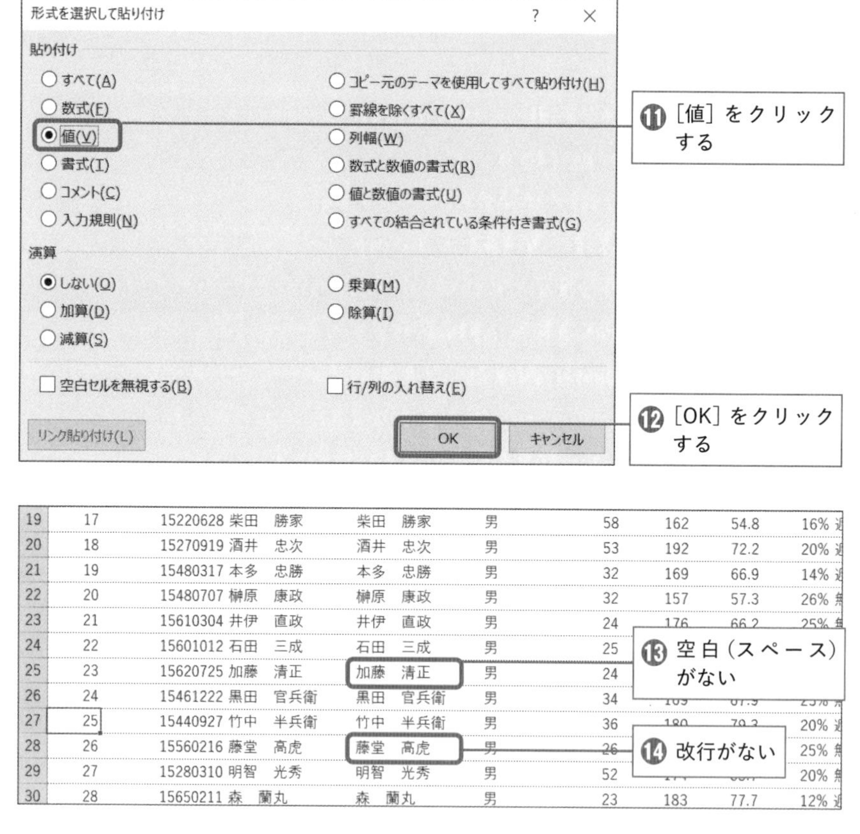

19	17	15220628	柴田　勝家	柴田　勝家	男	58	162	54.8	16%
20	18	15270919	酒井　忠次	酒井　忠次	男	53	192	72.2	20%
21	19	15480317	本多　忠勝	本多　忠勝	男	32	169	66.9	14%
22	20	15480707	榊原　康政	榊原　康政	男	32	157	57.3	26%
23	21	15610304	井伊　直政	井伊　直政	男	24	176	66.2	25%
24	22	15601012	石田　三成	石田　三成	男	25			
25	23	15620725	加藤　清正	加藤　清正	男	24			
26	24	15461222	黒田　官兵衛	黒田　官兵衛	男	34			
27	25	15440927	竹中　半兵衛	竹中　半兵衛	男	36			20%
28	26	15560216	藤堂　高虎	藤堂　高虎	男	26			25%
29	27	15280310	明智　光秀	明智　光秀	男	52			20%
30	28	15650211	森　蘭丸	森　蘭丸	男	23	183	77.7	12%

最後に、作業場として活用したC列は不要になるので、削除します。

	A	B	C	D	E	F	G	H	I
1	No	社員番号	作業場	氏名	性別	年齢	身長	体重	体脂肪率
2	記入例	1234567		山田　太郎	男	30	170	65	13% 週
3	1	15340623	織田　信長	織田　信長				4	15% 週
4	2	15370317	豊臣　秀吉	豊臣　秀吉				3	27% 週
5	3	15430131	徳川　家康	徳川　家康				6	22% 無
6	4	15211201	武田　信玄	武田　信玄				3	19% 無
7	5	15300218	上杉　謙信	上杉　謙信	男	50	182	68.9	14% 週
8	6	15670905	伊達　政宗	伊達　政宗	男	23	166	53.7	16% 週

⑮［C列］をクリックして、作業場の列全体が選択された状態にする

- 切り取り(T)
- コピー(C)
- 貼り付けのオプション:
- 形式を選択して貼り付け(S)...
- 挿入(I)
- 削除(D)
- 数式と値のクリア(N)

⑯［C列］を右クリックして、［削除］をクリックする

最後に元に戻す、と。

	A	B	C	D	E	F	G	H	I
1	No	社員番号	氏名	性別	年齢	身長	体重	体脂肪率	運動習慣の有無
2	記入例	1234567	山田　太郎	男	30	170	65	13%	週5日
3	1	15340623	織田　信長	男	4				
4	2	15370317	豊臣　秀吉	男	4				
5	3	15430131	徳川　家康	男	3				
6	4	15211201	武田　信玄	男	59	178	75.8	19%	無
7	5	15300218	上杉　謙信	男	50	182	68.9	14%	週3日
8	6	15670905	伊達　政宗	男	23	166	53.7	16%	週1日

⑰作業場の列が削除されたら、終了です

Point

- データから不要な文字や空白を削除して、分析しやすいデータにする
- 不要な文字や空白があったら、関数で一気に削除する

Chapter 4

4-2 データを「つなぐ」

データをととのえたら、次はデータを1つにします。それが「つなぐ」の工程になります。

「データを1つにする？」

というと、ちょっとイメージがつかないかもしれませんが、ここでいう「データ」とは、ExcelのシートやCSVファイル全体のことです。**Excelシート、CSVにバラバラになっているデータを1つにつなぐ作業**と思ってください。

次の流れを想像してください。

①店舗の売上管理システムからCSVファイルをダウンロード
②商品の在庫管理システムからCSVファイルをダウンロード
③上記2つのCSVファイルをExcelシートに1つにまとめる

これが「つなぐ」作業です。

2つのCSVファイルのデータを「つなぐ」ためには、何かで紐づける必要があります。**「データを紐付けるデータ」**が必要になるのです。そこで登場するのが「ID」です。ファイルを扱っていると「店舗ID」や「商品ID」、「顧客ID」など、IDと名のつくものを見かけることはありませんか？

なぜこのIDがあるかというと、それぞれ異なるデータを紐づけるために存在します。「社員番号」もIDの一種です。そのためIDには、「必ず一意」という原則があり、IDの値は必ずバラバラです。もしIDの重複があると、データを紐づけるときに紐づけができなくなります。

余談ですが、マイナンバーカードも国民1人ひとりにIDを付与することで、さまざまなデータを一元管理するために設けられたものです。普及すると、国民1人ひとりを一意に識別できるため、行政手続きの簡素化が期待できます。

「データをつなげるためにはIDが必要」ということが分かりました。

では、IDを使って、Excelで2つのデータを紐づけるにはどうするのか？

VLOOKUP（ブイルックアップ）関数を使います。

VLOOKUP関数は、指定したIDを別のデータ（CSV）から探して、該当するIDを見つけたら、その行にある指定したデータを返してくれる関数です（「返す」とは、セルにその値を自動的に入れるという意味です）。

言葉で説明してもイメージがつかめないと思うので、コウジくんとねこさんが集めたアンケート結果を使いながら、解説していきます。

VLOOKUP関数とは？

VLOOKUP関数は、次のような構造になっています。

=VLOOKUP(検索する値,検索する範囲,返す値の位置,真偽値)

具体的には、このとき、検索する値を「第1引数」といい、ここにIDを入れます。今回は社員番号です。続いて、検索する範囲を「第2引数」といい、文字通り検索したい範囲を入力します。そして、返す値の位置を「第3引数」といい、IDから右へ何列目にあるかを数字で入力します。

	A	B	C	D	E
1	No	社員番号	氏名	性別	年齢
2	記入例	1234567	山田　太郎	男	30
3	1	15340623	織田　信長	男	46
4	2	15370317	豊臣　秀吉	男	43
5	3	15430131	徳川　家康	男	37
6	4	15211201	武田　信玄	男	59
7	5	**15300218**	上杉　謙信	男	50
8	6	15670905	伊達　政宗	男	23
9	7	15391111	長宗我部　元親	男	41
10	8	15150123	北条　氏康	男	65

=VLOOKUP
(15300218,$B$3:$E$10,4,FALSE)
↓
2番目に指定した$B$3:$E$10（赤い部分）の一番左の列（赤枠内）から、15300218（太字）を探して、同じ行にある4つ目の値（青枠）を教えて
↓
答え　50

では、実際にVLOOKUP関数を使って、2つのデータを紐づけます。

今回は、

①勤怠管理システムから「先月の残業時間」のCSVファイルをダウンロード
②コウジくんとねこさんが作ったアンケート結果の一番右に紐づける

という作業を通して、解説していきます。

	A	B	C
1	社員番号	氏名	先月の残業時間(h)
2	15671218	立花　宗茂	30
3	15670905	伊達　政宗	8
4	15450828	浅井　長政	12
5	15560216	藤堂　高虎	57
6	15391111	長宗我部　元親	50
7	15461222	黒田　官兵衛	68

勤怠システムからダウンロードした全社員の先月の残業時間。
これまで扱ってきた健康診断データと並び順が異なる点に注意。

はじめに、「先月の残業時間」のデータをアンケートの結果にコピーします。

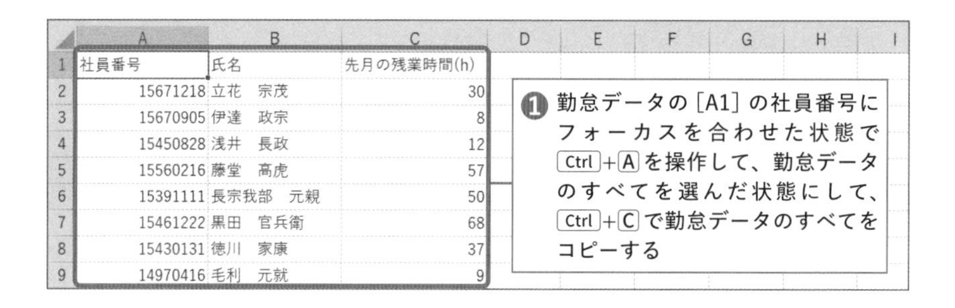

	A	B	C
1	社員番号	氏名	先月の残業時間(h)
2	15671218	立花　宗茂	30
3	15670905	伊達　政宗	8
4	15450828	浅井　長政	12
5	15560216	藤堂　高虎	57
6	15391111	長宗我部　元親	50
7	15461222	黒田　官兵衛	68
8	15430131	徳川　家康	37
9	14970416	毛利　元就	9

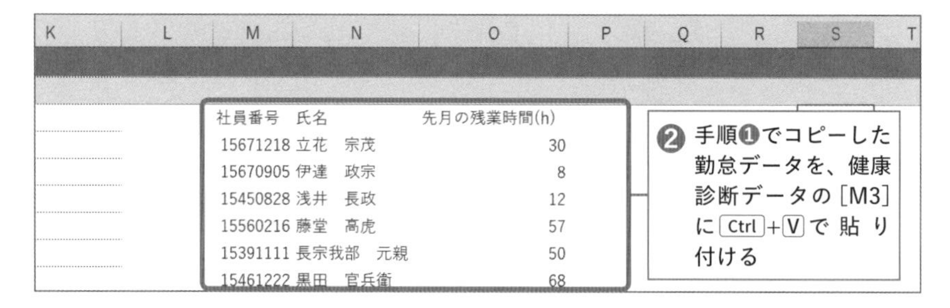

社員番号	氏名	先月の残業時間(h)
15671218	立花　宗茂	30
15670905	伊達　政宗	8
15450828	浅井　長政	12
15560216	藤堂　高虎	57
15391111	長宗我部　元親	50
15461222	黒田　官兵衛	68

VLOOKUP関数を1シートで作業する理由

今回は、一つのシートにデータをまとめていますが、**VLOOKUP関数は異なるファイルや異なるシートのデータを参照する**こともできます。

「なら、わざわざ一か所に集める必要はないのでは？」
と思うかもしれませんが、あえてそうしています。その理由は、エラーになったときに、その原因が発見しやすいからです。

私はかつて、これをしていなかったために、大パニックに陥りました。
システムエンジニア時代、周りの先輩方はExcel上級者ばかりでした。
VLOOKUP関数は別のシートから参照するのが当たり前。新米だった私も見よう見まねでVLOOKUP関数を、別のシートを参照して使っていました。

でも、ある日「#N/A」というエラーに遭遇。いまなら「あ、あのエラーね」とすぐ分かりますが、そこは新人みっちー君。分からず焦ります。「エラーに対処せねば」とあっちやこっちのシートを行ったり来たり。
修正できたつもりがエラーは直っておらず、また修正……をくり返していたら、元の形は見る影もない状態になってしまいました。
そこで先輩に相談。先輩は何をしたかというと、それぞれのデータを同じシートに集めたのです。
「同じシートにデータがあると、第2引数で指定した検索範囲が色分けされるから、エラーが見つけやすいんだよね」
なるほど！　新米みっちー君は衝撃を覚えましたとさ。
わたしの恥ずかしいエピソードです。
後述しますが、VLOOKUP関数の使い方を間違えると「#N/A」や「#REF!」のエラーが表示されます。そして、エラーの原因は第2引数で指定する検索範囲が間違っているケースがほとんどです。

2つのデータが同じシートにあると、第2引数で指定した検索範囲が別の色で表示されます。一方、ファイルやシートが異なると、第2引数で指定した検索範囲が表示されません。
すると、若かりし頃の私のように、エラーを特定するためにあっちのシートとこっちのシートを行き来して、訳が分からなくなるのです。

ある程度Excelになれると、意図的に異なるファイルやシートをVLOOKUP関数で参照するほうが1つひとつのデータをシンプルに扱えるので便利なのですが、**慣れないうちは同じシートにデータを集めて、VLOOKUP関数を使うこと**を、私の経験から強くおすすめします。

さて、話がそれましたが、作業を再開します。

データをコピーしたら、コピーした内容に過不足がないかチェックしてください。「データの個数」から確認できます。

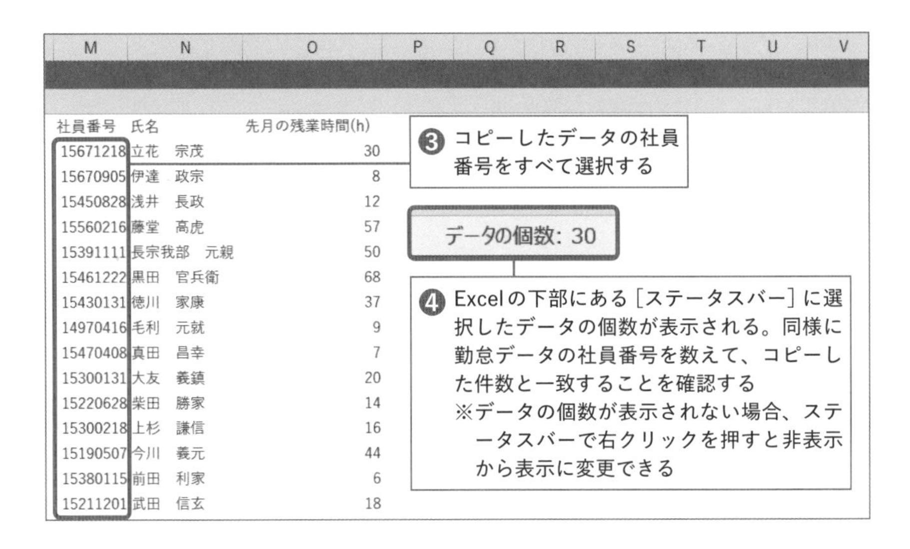

VLOOKUP関数で、データをつなぐ

きちんとコピーできていたら、いよいよVLOOKUP関数でつなぎます。先に完成形を見せたほうが理解が早いと思うので、まずは次の操作を見てください。

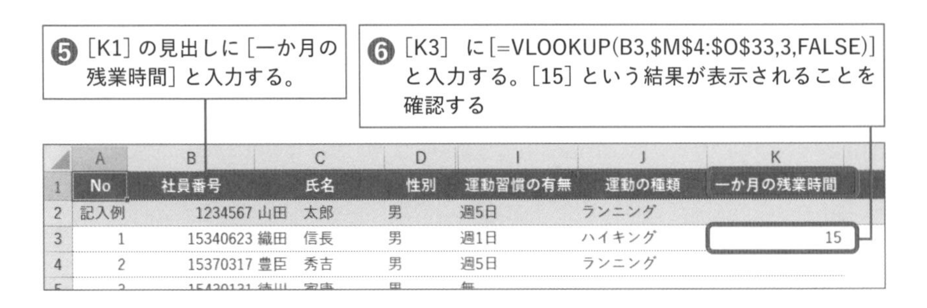

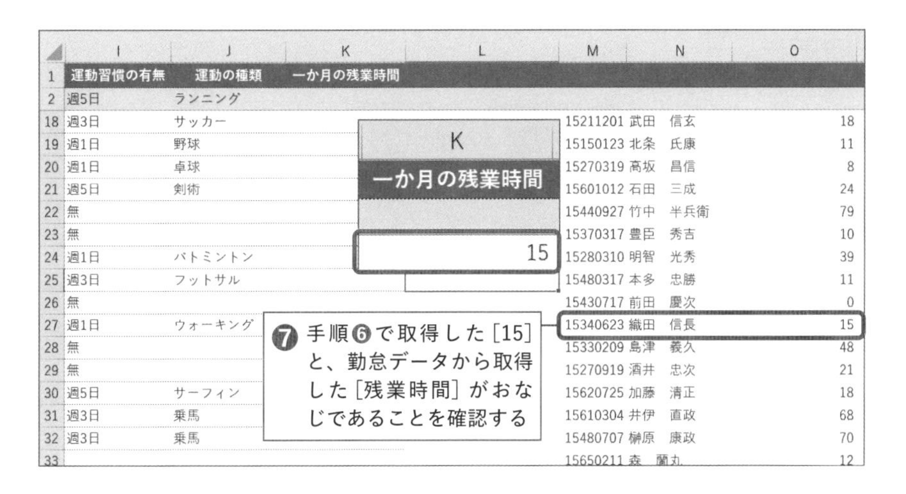

では、解説していきます。

まずは、**K3セル**に入力したVLOOKUP関数を見てみましょう。

```
=VLOOKUP(B3,$M$4:$O$33,3,FALSE)
```

一見すると、呪文のように見えると思いますが、安心してください。ここに何が書いてあるのか、きちんと読めるように解説していきます。

まず、「()」の中にアルファベットと数字が羅列していますが、よく見ると、それぞれ「,」で区切られているのが分かるでしょうか。

この区切られた要素は、左から順番に、「第1引数、第2引数、第3引数、第4引数……」という名前で呼ばれます。引数とは関数が動作するために必要なデータで、セル番号や数字などで指定できます。

ここまでも、TRIM関数などの関数を使ってきましたが、その際も引数を指定してきました。細かい話ですが、**関数はこの引数の指定の仕組みが理解できれば、後はインターネット検索で適当に調べて、どんな関数でも使いこなすことができます**。

では、第1引数から順番にVLOOKUP関数の引数を説明していきます。VLOOKUP関数には、関数の引数のほとんどの動きが組み込まれているので、この引数の仕組みを理解すると、他の関数でも活用できます。

●**第1引数：B3**

検索するIDを指定します。今回の場合は社員番号です。**B3セル**には織田信長さんの社員番号がセットされています。IDは次の第2引数の指定範囲の一番左にある必要があります。

●**第2引数：$M$4:$O$33**

検索する範囲を指定します。コピーした「先月の残業時間」が**M4セル**から**O33セル**にあるので、**M4セル**から**O33セル**を範囲指定しています。$マークは「絶対参照」と呼ばれるもので、第6章で詳しく解説しています。ここでは絶対参照というものがあるんだなとだけ、ひとまず覚えておいてください。

●**第3引数：3**

IDがある行の「どのデータを取得するか」を指定します。「3」と指定すると、第2引数の範囲の中で、一番左（ID）から3番目のデータを取得します。IDから何番目のデータを取得するのかを指定するのが、第3引数です。

●**第4引数：FALSE**

あとで詳しく解説するので、今は「FALSEと入力する」と覚えてください。

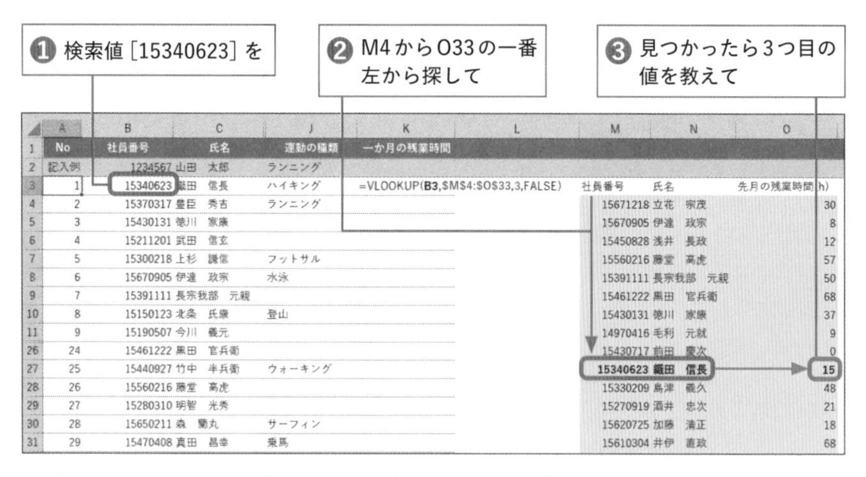

次に、VLOOKUP関数をデータの最下部までコピーします。

❹ [K3] にあるVLOOKUP関数を Ctrl + C でコピーして、データがあるいちばん下の行まで Ctrl + V で貼り付ける

	A	B	C	D	I	J	K	L	M
1	No	社員番号	氏名	性別	運動習慣の有無	運動の種類	一か月の残業時間		
2	記入例	1234567	山田　太郎	男	週5日	ランニング			
3	1	15340623	織田　信長	男	週1日	ハイキング	15		社員番号　氏名
4	2	15370317	豊臣　秀吉	男	週5日	ランニング			15671218 立花　宗茂
5	3	15430131	徳川　家康	男	無				15670905 伊達　政宗
6	4	15211201	武田　信玄	男	無				15450828 浅井　長政
7	5	15300218	上杉　謙信	男	週3日	フットサル			15560216 藤堂　高虎
8	6	15670905	伊達　政宗	男	週1日	水泳			15391111 長宗我部　元親
9	7	15391111	長宗我部　元親	男	無				15461222 黒田　官兵衛
10	8	15150123	北条　氏康	男	週3日	登山			15430131 徳川　家康
11	9	15190507	今川　義元	男	無				14970416 毛利　元就
12	10	14970416	毛利　元就	男	週3日	ランニング			15470408 真田　昌幸
13	11	15450828	浅井　長政	男	週5日	乗馬			15300131 大友　義鎮
14	12	15430717	前田　慶次	男	週5日	ランニング			15220628 柴田　勝家
15	13	15300131	大友　義鎮	男	週1日	ウォーキング			15300218 上杉　謙信
16	14	15330209	島津　義久	男	週1日	サッカー			15190507 今川　義元
17	15	15671218	立花　宗茂	男	無				15380115 前田　利家
18	16	15380115	前田　利家	男	週3日	サッカー			15211201 武田　信玄
19	17	15220628	柴田　勝家	男	週1日	野球			15150123 北条　氏康
20	18	15270919	酒井　忠次	男	週1日	卓球			15270319 高坂　昌信
21	19	15480317	本多　忠勝	男	週5日	剣術			15601012 石田　三成

❺ [K列] にVLOOKUP関数で取得した [先月の残業時間(h)] が反映される

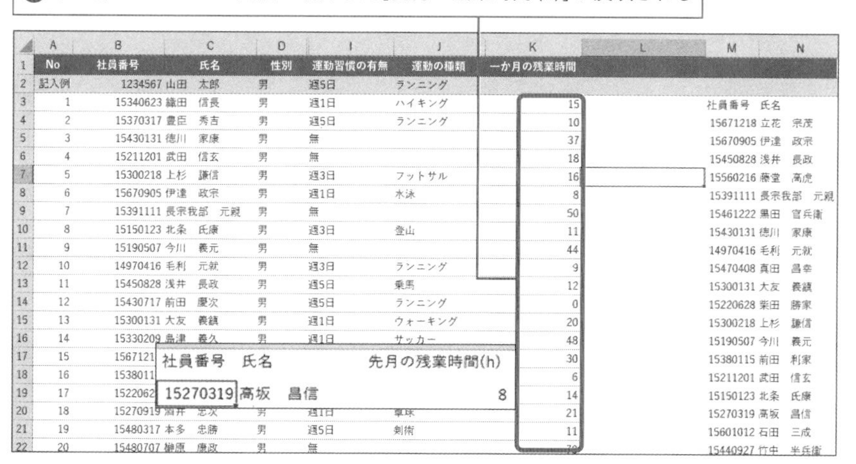

	A	B	C	D	I	J	K	L	M
1	No	社員番号	氏名	性別	運動習慣の有無	運動の種類	一か月の残業時間		
2	記入例	1234567	山田　太郎	男	週5日	ランニング			
3	1	15340623	織田　信長	男	週1日	ハイキング	15		社員番号　氏名
4	2	15370317	豊臣　秀吉	男	週5日	ランニング	10		15671218 立花　宗茂
5	3	15430131	徳川　家康	男	無		37		15670905 伊達　政宗
6	4	15211201	武田　信玄	男	無		18		15450828 浅井　長政
7	5	15300218	上杉　謙信	男	週3日	フットサル	16		15560216 藤堂　高虎
8	6	15670905	伊達　政宗	男	週1日	水泳	8		15391111 長宗我部　元親
9	7	15391111	長宗我部　元親	男	無		50		15461222 黒田　官兵衛
10	8	15150123	北条　氏康	男	週3日	登山	11		15430131 徳川　家康
11	9	15190507	今川　義元	男	無		44		14970416 毛利　元就
12	10	14970416	毛利　元就	男	週3日	ランニング	9		15470408 真田　昌幸
13	11	15450828	浅井　長政	男	週5日	乗馬	12		15300131 大友　義鎮
14	12	15430717	前田　慶次	男	週5日	ランニング	0		15220628 柴田　勝家
15	13	15300131	大友　義鎮	男	週1日	ウォーキング	20		15300218 上杉　謙信
16	14	15330209	島津　義久	男	週1日	サッカー	48		15190507 今川　義元
17	15	1567121					30		15380115 前田　利家
18	16	1538011					6		15211201 武田　信玄
19	17	1522062					14		15150123 北条　氏康
20	18	15270919					21		15270319 高坂　昌信
21	19	15480317	本多　忠勝	男	週5日	剣術	11		15601012 石田　三成
22	20	15480707	榊原　康政	男	無		70		15440927 竹中　半兵衛

社員番号	氏名	先月の残業時間(h)
15270319	高坂　昌信	8

❻ 最後の行までVLOOKUP関数が反映されていて、
［先月の残業時間］が取得されていることを確認する

	C	D	I	J	K	L	M	N	O
1	氏名	性別	運動習慣の有無	運動の種類	一か月の残業時間				
2	山田　太郎	男	週5日	ランニング					
21	本多　忠勝	男	週5日	剣術	11		15601012	石田　三成	24
22	榊原　康政	男	無		70		15440927	竹中　半兵衛	79
23	井伊　直政	男	無		68		15370317	豊臣　秀吉	10
24	石田　三成	男	週1日	バトミントン	24		15280310	明智　光秀	39
25	加藤　清正	男	週3日	フットサル	18		15480317	本多　忠勝	11
26	黒田　官兵衛	男	無		68		15430717	前田　慶次	0
27	竹中　半兵衛	男	週1日	ウォーキング	79		15340623	織田　信長	15
28	藤堂　高虎	男	無		57		15330209	島津　義久	48
29	明智　光秀	男	無		39		15270919	酒井　忠次	21
30	森　蘭丸	男	週5日	サーフィン	12		15620725	加藤　清正	18
31	真田　昌幸	男	週3日	乗馬	7		15610304	井伊　直政	68
32	高坂　昌信	男	週3日	乗馬	8		15480707	榊原　康政	70
33							15650211	森　蘭丸	12
34			社員番号　氏名		先月の残業時間(h)				
35									
36			15270319	高坂　昌信	8				
37									

次に、VLOOKUP関数で取得したデータを［値貼り付け］します。

［値貼り付け］は、先ほども作業しましたが、ここで改めて解説しておきます。

Excelでは、いくつかの貼り付け方法があり、［値貼り付け］はその1つで、「コピーしたデータの値だけを貼り付ける」という操作です。

第6章で詳しく解説しますが、Excelのセルは「①番地、②データ、③表示形式、④装飾」の4階層で構成されています。そして、Ctrl＋Vの貼り付けた場合、この4階層をすべて貼り付けます。一方、一部の要素だけを貼り付けすることもでき、データだけを貼り付けするのが「値貼り付け」です。

なぜ、値貼り付けにするかというと、データとして独立させたいからです。

Ctrl＋Vで貼り付けた場合、VLOOKUP関数のデータを参照しています。すると、VLOOKUP関数のデータを削除したり、変更したりすると、貼り付けたデータも変更されたり、エラーになったりします（参照元のデータが消えるため）。

それを防ぐために、VLOOKUP関数の結果を値だけ貼り付けて、参照元のデータが消えてもVLOOKUP関数の結果は残るようにしておきます。

❼ ［K列］をクリックして［K列］全体を選択した状態で、Ctrl＋Cと操作して［K列］全体をコピーする。続けてCtrl＋Alt＋Vと操作して［形式を選択して貼り付け］ダイアログを表示する

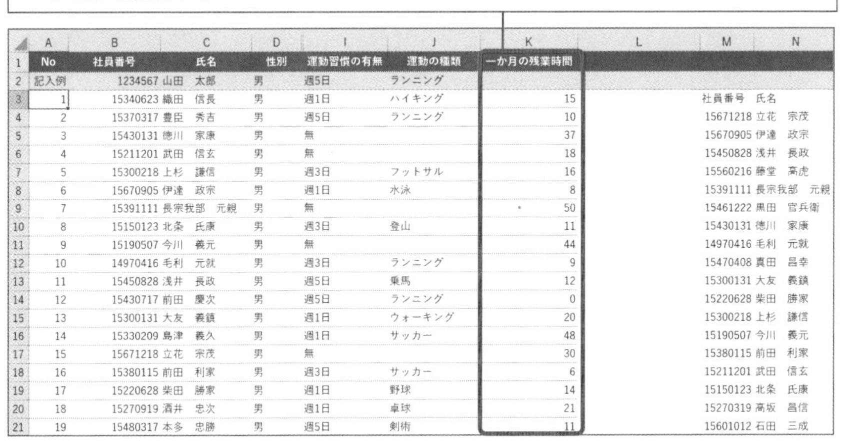

	A	B	C	D	I	J	K	L	M	N
1	No	社員番号	氏名	性別	運動習慣の有無	運動の種類	一か月の残業時間			
2	記入例	1234567	山田　太郎	男	週5日	ランニング				
3	1	15340623	織田　信長	男	週1日	ハイキング	15		社員番号	氏名
4	2	15370317	豊臣　秀吉	男	週5日	ランニング	10		15671218	立花　宗茂
5	3	15430131	徳川　家康	男	無		37		15670905	伊達　政宗
6	4	15211201	武田　信玄	男	無		18		15450828	浅井　長政
7	5	15300218	上杉　謙信	男	週3日	フットサル	16		15560216	藤堂　高虎
8	6	15670905	伊達　政宗	男	週1日	水泳	8		15391111	長宗我部　元親
9	7	15391111	長宗我部　元親	男	無		50		15461222	黒田　官兵衛
10	8	15150123	北条　氏康	男	週3日	登山	11		15430131	徳川　家康
11	9	15190507	今川　義元	男	無		44		14970416	毛利　元就
12	10	14970416	毛利　元就	男	週3日	ランニング	9		15470408	真田　昌幸
13	11	15450828	浅井　長政	男	週5日	乗馬	12		15300131	大友　義鎮
14	12	15430717	前田　慶次	男	週5日	ランニング	0		15220628	柴田　勝家
15	13	15300131	大友　義鎮	男	週1日	ウォーキング	20		15300218	上杉　謙信
16	14	15330209	島津　義久	男	週1日	サッカー	48		15190507	今川　義元
17	15	15671218	立花　宗茂	男	無		30		15380115	前田　利家
18	16	15380115	前田　利家	男	週3日	サッカー	6		15211201	武田　信玄
19	17	15220628	柴田　勝家	男	週1日	野球	14		15150123	北条　氏康
20	18	15270919	酒井　忠次	男	週1日	卓球	21		15270319	高坂　昌信
21	19	15480317	本多　忠勝	男	週5日	剣術	11		15601012	石田　三成

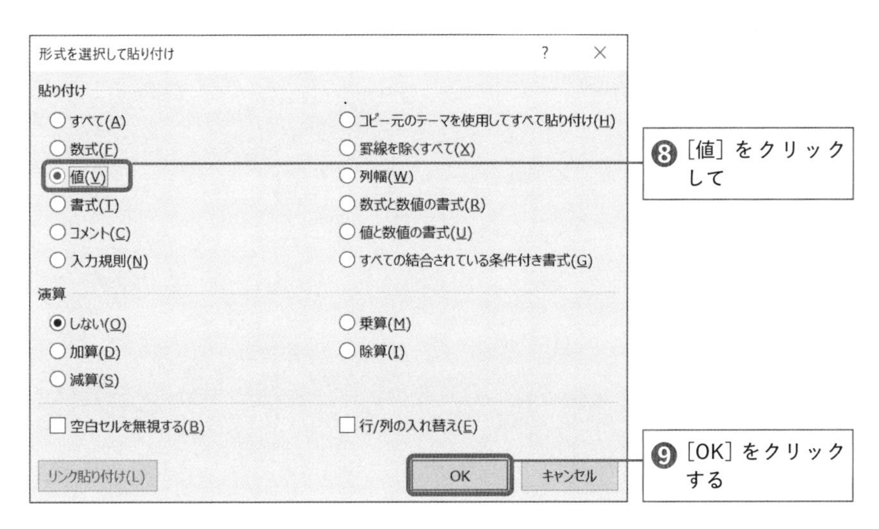

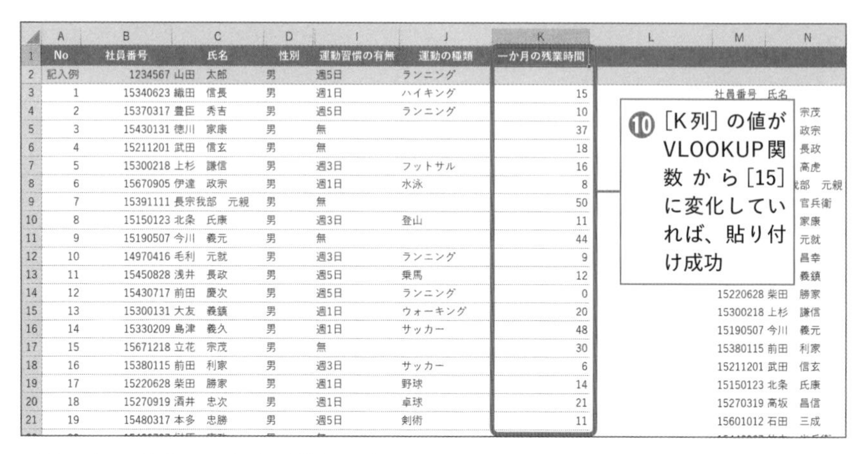

	A	B	C	D	I	J	K
1	No	社員番号	氏名	性別	運動習慣の有無	運動の種類	一か月の残業時間
2	記入例	1234567	山田　太郎	男	週5日	ランニング	
3	1	15340623	織田　信長	男	週1日	ハイキング	15
4	2	15370317	豊臣　秀吉	男	週5日	ランニング	10
5	3	15430131	徳川　家康	男	無		37
6	4	15211201	武田　信玄	男	無		18
7	5	15300218	上杉　謙信	男	週3日	フットサル	16
8	6	15670905	伊達　政宗	男	週1日	水泳	8
9	7	15391111	長宗我部　元親	男	無		50
10	8	15150123	北条　氏康	男	週3日	登山	11
11	9	15190507	今川　義元	男	無		44
12	10	14970416	毛利　元就	男	週3日	ランニング	9
13	11	15450828	浅井　長政	男	週5日	乗馬	12
14	12	15430717	前田　慶次	男	週5日	ランニング	0
15	13	15300131	大友　義鎮	男	週1日	ウォーキング	20
16	14	15330209	島津　義久	男	週1日	サッカー	48
17	15	15671218	立花　宗茂	男	無		30
18	16	15380115	前田　利家	男	週3日	サッカー	6
19	17	15220628	柴田　勝家	男	週1日	野球	14
20	18	15270919	酒井　忠次	男	週1日	卓球	21
21	19	15480317	本多　忠勝	男	週5日	剣術	11

	M	N
3	社員番号	氏名
4		宗茂
5		政宗
6		長政
7		高虎
8		部　元親
9		官兵衛
10		家康
11		元就
12		昌幸
13		義鎮
14	15220628	柴田　勝家
15	15300218	上杉　謙信
16	15190507	今川　義元
17	15380115	前田　利家
18	15211201	武田　信玄
19	15150123	北条　氏康
20	15270319	高坂　昌信
21	15601012	石田　三成

最後に、勤怠データを削除します。

⑪ 勤怠データにカーソルを合わせて Ctrl + A を押して勤怠データの全体を選んだあと、Delete を押して勤怠データを削除する。これで作業完了です

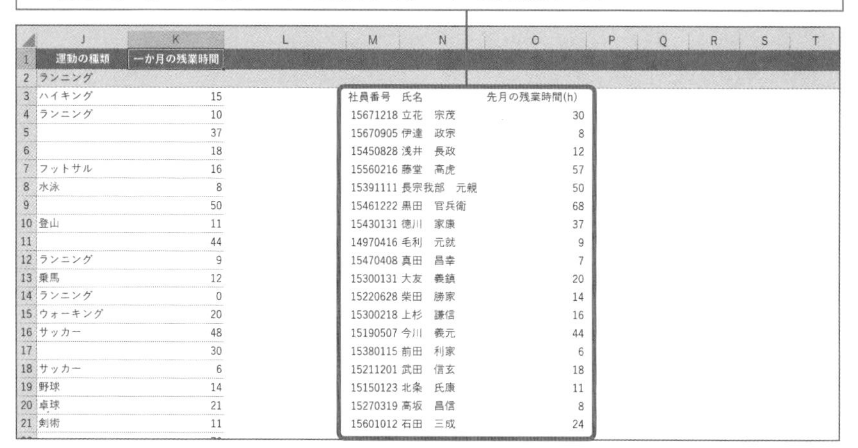

	J	K
1	運動の種類	一か月の残業時間
2	ランニング	
3	ハイキング	15
4	ランニング	10
5		37
6		18
7	フットサル	16
8	水泳	8
9		50
10	登山	11
11		44
12	ランニング	9
13	乗馬	12
14	ランニング	0
15	ウォーキング	20
16	サッカー	48
17		30
18	サッカー	6
19	野球	14
20	卓球	21
21	剣術	11

社員番号	氏名	先月の残業時間(h)
15671218	立花　宗茂	30
15670905	伊達　政宗	8
15450828	浅井　長政	12
15560216	藤堂　高虎	57
15391111	長宗我部　元親	50
15461222	黒田　官兵衛	68
15430131	徳川　家康	37
14970416	毛利　元就	9
15470408	真田　昌幸	7
15300131	大友　義鎮	20
15220628	柴田　勝家	14
15300218	上杉　謙信	16
15190507	今川　義元	44
15380115	前田　利家	6
15211201	武田　信玄	18
15150123	北条　氏康	11
15270319	高坂　昌信	8
15601012	石田　三成	24

Point

- 一意のデータ（ID）で、2つのデータをつなぐ
- VLOOKUP関数は、引数を4つ指定すれば使える

Chapter 4 4-3 VLOOKUP関数の約束事

VLOOKUP関数は本当に優れた関数で、異なる2つのデータをつなぐときは、必須の関数です。

ですが、**慣れていないと、操作が難しいことが欠点**です。

私もいまでは不自由なく使えるようになりましたが、新米の頃はエラーが頻出して、本当に苦労しました。新米といえど、数千行におよぶExcelファイルやCSVファイルをVLOOKUP関数でつなげる作業を任されており、エラーが出たときは数千行から1つのバグを見つけ出す世界です。目視では到底不可能。

そんな経験をしてきたからこそ、伝えられることがあります。それをここでは紹介します。

①「検索値と検索範囲」は、同じシートにまとめる

検索値と検索範囲は、同じシートの中で指定します。先ほどお伝えした通り、検索範囲が、同じシートにあると色分けされて、エラーがあったときなどに確認しやすいからです。

②検索値と検索範囲を指定する3つのルールを守る

VLOOKUP関数のエラー原因の9割が、検索する値の指定間違いです。エラーを避けるために以下3つのルールを守ってください。

ルール①：検索範囲の一番左に、第1引数で指定する検索値がある

ルール②：検索範囲の中に、欲しいデータがあること

ルール③：絶対参照（$付き）で指定すること

ルール①を守らないと「#N/A」が、ルール②を守らないと「#REF!」が発生します。

ルール③を守らないと、コピーなどをしたときに参照範囲がずれます。私も新米の頃によくやらかしました。詳しくは第6章で解説しますが、$がないと参照範囲が勝手にずれてしまい、欲しいデータが勝手に範囲から外れます。そう、勝手に、です。これは本当に、何度も何度も頭を抱えました。

③検索方法（第4引数）は、FALSEを指定する

第4引数は、第1引数の検索値をどうやって検索するのかを指定します。検索方法は「TRUE」と「FALSE」を指定することができるのですが、**慣れないうちは「FALSE」を指定してください。**ちなみに、FALSEは「0」、TRUEは「1」でも指定可能です。

なぜFALSEがよいかというと、TRUEは曲者なのです。

TRUEは、IDが一致していなくても、近しいものを一致していると見なして、勝手に近しいデータを返してくるのです。そう、こちらも勝手に、です。

ですが、近いと同じは、結局は完全な別もので、エラーや間違った結果の引き金となってしまいます。

まとめると、次の通りです。

FALSE＝完全一致の値を検索＝0
TRUE＝似たような値を検索＝1

よくわからないうちは、「必ずFALSEを指定する」と覚えておけば間違えありません。また、FALSEを指定しておけば、エラーなどになっても、引数の指定に問題があったと、原因の仮説を立てることもできます。

Point

- VLOOKUP関数では、検索値と検索範囲を1シートにまとめる
- 第4引数には「FASE」を入力する

Chapter 4 4-4 VLOOKUP関数のエラーの原因と対処方法

ここまで解説した段取りでVLOOKUP関数を使えば、確実に使いこなすことができます。ですが、**それでも思い通りの結果が得られないエラーが発生するのがVLOOKUP関数**です。

なぜかというと、「正しく入力したつもりでも、間違って入力してしまった場合がある」からです。たとえば、**B3セル**を指定したつもりが、**B4セル**を指定したい場合などです。当然、エラーとなります。でも、エラーの意味を理解しておけば安心です。

この節では、VLOOKUP関数でよくあるエラーの内容と、その原因を解説します。よくあるといいつつ、VLOOKUP関数を使っていて起こるエラーの9割がここで紹介するものなので、これだけ知っておけば十分です。

よくあるエラー①「#N/A」

第1引数の「検索値」が、第2引数の「検索範囲」の一番左にない場合に「#N/A」が出現します。「一番左に該当するデータがなかった」という意味です。

「#N/A」が表示されたら、「一番左に検索値がないために表示されている」と思っていいです。

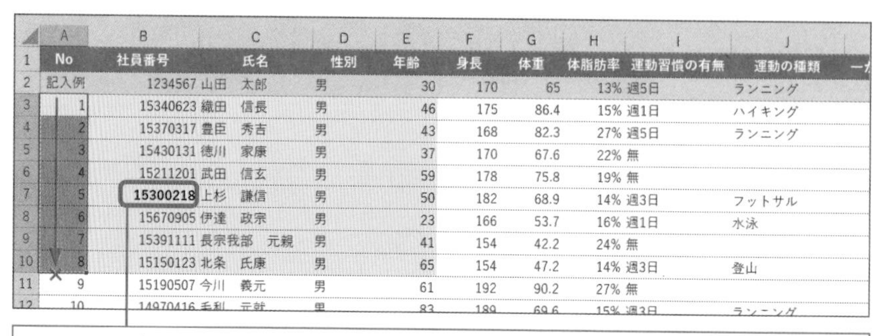

	A	B	C	D	E	F	G	H	I	J
1	No	社員番号	氏名	性別	年齢	身長	体重	体脂肪率	運動習慣の有無	運動の種類
2	記入例	1234567	山田　太郎	男	30	170	65	13%	週5日	ランニング
3	1	15340623	織田　信長	男	46	175	86.4	15%	週1日	ハイキング
4	2	15370317	豊臣　秀吉	男	43	168	82.3	27%	週5日	ランニング
5	3	15430131	徳川　家康	男	37	170	67.6	22%	無	
6	4	15211201	武田　信玄	男	59	178	75.8	19%	無	
7	5	**15300218**	上杉　謙信	男	50	182	68.9	14%	週3日	フットサル
8	6	15670905	伊達　政宗	男	23	166	53.7	16%	週1日	水泳
9	7	15391111	長宗我部　元親	男	41	154	42.2	24%	無	
10	8	15150123	北条　氏康	男	65	154	47.2	14%	週3日	登山
11	9	15190507	今川　義元	男	61	192	90.2	27%	無	
12	10	14970416	毛利　元就	男	83	189	69.6	15%	週3日	ランニング

=VLOOKUP(15300218,$A$3:$E$10,4,FALSE)
↓
2番目に指定した$A$3:$E$10（赤い部分）の一番左の列（赤枠内）から、15300218（太字）を探して、同じ行にある4つ目の値を教えて
↓
答え　#N/A　←赤枠の一番左の列に15300218がない

ちなみに、他に出る可能性として、検索範囲を$マーク付きで指定しなかった場合です。$マークがないと、VLOOKUP関数を他のセルにコピーしたときに、検索範囲がずれます。そのせいで該当する値がないと判定され、表示されます。

	A	B	C	D	E	F	G	H	I	J
1	No	社員番号	氏名	性別	年齢	身長	体重	体脂肪率	運動習慣の有無	運動の種類
2	記入例	1234567	山田　太郎	男	30	170	65	13%	週5日	ランニング
3	1	15340623	織田　信長	男	46	175	86.4	15%	週1日	ハイキング
4	2	15370317	豊臣　秀吉	男	43	168	82.3	27%	週5日	ランニング
5	3	15430131	徳川　家康	男	37	170	67.6	22%	無	
6	4	15211201	武田　信玄	男	59	178	75.8	19%	無	
7	5	**15300218**	上杉　謙信	男	50	182	68.9	14%	週3日	フットサル
8	6	15670905	伊達　政宗	男	23	166	53.7	16%	週1日	水泳
9	7	15391111	長宗我部　元親	男	41	154	42.2	24%	無	
10	8	15150123	北条　氏康	男	65	154	47.2	14%	週3日	登山
11	9	15190507	今川　義元	男	61	192	90.2	27%	無	
12	10	14970416	毛利　元就	男	83	189	69.6	15%	週3日	ランニング
13	11	15450828	浅井　長政	男	35	152	49.9	12%	週5日	乗馬
14	12	15430717	前田　慶次	男	37	190	74.5	14%	週5日	ランニング
15	13	15300131	大友　義鎮	男	50	157	44.3	21%	週1日	ウォーキング
16	14	15330209	島津　義久	男	47	172	56.1	25%	週1日	サッカー
17	15	15671218	立花　宗茂	男	26	179	79.5	26%	無	

=VLOOKUP(15300218,B8:E15,4,FALSE)
↓
2番目に指定したB8:E15（赤い部分）の一番左の列（赤枠内）から、15300218（太字）を探して、同じ行にある4つ目の値を教えて
↓
答え　#N/A　←15300218が赤枠の中にない

よくあるエラー②「#REF!」

このエラーが発生したときは、第3引数で指定した番号が間違っています。

検索範囲の一番左が番号1で、以降2、3……と続きますが、検索範囲の列の数よりも大きい数字を指定すると「#REF!」になるのです。たとえば、検索範囲は4列しかないのに、5を指定した場合に起こります。

列番号を減らすか、検索範囲を広げる修正をしましょう。

こちらも、絶対参照をつけずにセルコピーをした場合によく起こります。

	A	B	C	D	E	F	G	H	I	J
1	No	社員番号	氏名	性別	年齢	身長	体重	体脂肪率	運動習慣の有無	運動の種類
2	記入例	1234567	山田　太郎	男	30	170	65	13%	週5日	ランニング
3	1	15340623	織田　信長	男	46	175	86.4	15%	週1日	ハイキング
4	2	15370317	豊臣　秀吉	男	43	168	82.3	27%	週5日	ランニング
5	3	15430131	徳川　家康	男	37	170	67.6	22%	無	
6	4	15211201	武田　信玄	男	59	178	75.8	19%	無	
7	5	**15300218**	上杉　謙信	男	50	182	68.9	14%	週3日	フットサル
8	6	15670905	伊達　政宗	男	23	166	53.7	16%	週1日	水泳
9	7	15391111	長宗我部　元親	男	41	154	42.2	24%	無	
10	8	15150123	北条　氏康	男	65	154	47.2	14%	週3日	登山
11	9	15190507	今川　義元	男	61	192	90.2	27%	無	
12	10	14970416	毛利　元就	男	83	189	69.6	15%	週3日	ランニング
13	11	15450828	浅井　長政	男	35	152	49.9	12%	週5日	乗馬
14	12	15430717	前田　慶次	男	37	190	74.5	14%	週5日	ランニング

=VLOOKUP(15300218,$B$3:$E$10,5,FALSE)

↓

2番目に指定した$B$3:$E$10（赤い部分）の一番左の列（赤枠内）から、15300218（太字）を探して、同じ行にある5つ目の値（青枠）を教えて

↓

答え　#REF!　赤枠内に5つ目がない

Point

- 「#N/A」は一番左にデータがないとき、「#REF!」は範囲外指定をした場合に出る

Chapter 4
4-5 データを「分析する」

ここまで、データを「ととのえる」作業、データを「つなぐ」作業を一緒に勉強してきました。まとめる工程の最後は、データを「分析する」作業です。

分析と聞いて、どのようなイメージを持たれますか？

「難しそう」「私には関係ない」
と感じる人も多いのかなーと思います。

Excelがあれば、「分析」に専門知識はいらない

分析と聞くと、それだけで難しそうと感じる人が多いのではないでしょうか。数学に強くて、論理的に物事を考えられる頭のいい人だけができることで、私にはとてもできそうもないと感じていると思います。わたしもその1人でした。
そんな私でも、今ではExcelのおかげで分析ができるようになりました。

また、「統計学」を連想する人もいるかもしれません。
近年は「データアナリスト」や「データサイエンティスト」など、データ分析を生業とする職種が脚光を浴びています。いずれも、複雑な数学の理論を理解している人だからできるというイメージだと思います。

私は分析のプロではありません。統計学の専門家に比べたら、私のレベルは足元にも及びません。しかし、仕事の中でデータ分析をする機会があり、そのときには必要な価値を出しています。
私の分析は、四則演算（足す・引く・掛ける・割る）とExcelにある標準機能を使った分析手法だけです。やり方さえ分かれば誰でもマネができる手法です。

私は**分析を「数字を並べたり比較することで、数字と数字の関係性を見つけること」**と理解しています。

「集めた数字やデータから、法則性を見つける」。これが分析のゴールです。

もちろん、ただ数字を眺めても何も分かりません。並び替えや、グループ分け、比較などをすることで、法則性を見つけるのです。
そこで使うのが、Excelの3つの機能です。

①テーブル
②ピボットテーブル
③散布図

「テーブル」機能は、データを並べかえたり、データを合計したり個数を数えるために使います。なお、セル結合があると、この機能は使えません。

「ピボットテーブル」はテーブル機能では難しい「特定箇所の集計」に使えます。
たとえば、テーブル機能は各年度の総売上は出せますが、各年度の各店舗の売上は集計できません。でもピボットテーブルなら、各年度の各店舗の売上をクロス集計という方法で集計できます。

「散布図」は2つの項目の相関関係を調べるときに使います。
相関関係とは、ある項目の値が増える（減る）ともう片方の項目の値も増える（減る）可能性を、相関係数という値で測る手法のことです。
たとえば、「スーパーマーケットのおむつとビール」の話です。あるスーパーがレジで収集した膨大な購買情報をデータ分析した結果、おむつとビールが同時に買われるケースが多いことを発見しました。理由は不明ですが、おむつとビールの売り場を近くにすれば、売上アップが期待できます。
こうした相関関係を炙り出すことで、新たな根拠を見出だせるのです。

まとめると、テーブル機能を使って全体を俯瞰し、ピボットテーブル機能を使って部分に注目し、散布図を使って相関関係を見つける。

すべてを網羅しているわけではないですが、この3つが使えるだけで、たいていのビジネスシーンで求められる分析が満たせます。

①並べ替えや集計はテーブルが便利

集めたデータの並べ替えや集計は、データをテーブルという形式に変換して行います。テーブルに変換することで、データの並べ替えや集計を簡単に操作できます。次の手順で操作してください。

❶ 記入例を削除する

	A	B	C	D	E	F	G	H	I	J	K
1	No	社員番号	氏名	性別	年齢	身長	体重	体脂肪率	運動習慣の有無	運動の種類	一か月の残業時間
2	記入例	1234567	山田　太郎	男	30	170	65	13%	週5日	ランニング	
3	1	15340623	織田　信長	男	46	175	86.4	15%	週1日	ハイキング	15
4	2	15370317	豊臣　秀吉	男	43	168	82.3	27%	週5日	ランニング	10
5	3	15430131	徳川　家康	男	37	170	67.6	22%	無		37
6	4	15211201	武田　信玄	男	59	178	75.8	19%	無		18

❷ Ctrl+A と操作して、データのすべてを選択する

	A	B	C	D	E	F	G	H	I	J	K
1	No	社員番号	氏名	性別	年齢	身長	体重	体脂肪率	運動習慣の有無	運動の種類	一か月の残業時間
2	1	15340623	織田　信長	男	46	175	86.4	15%	週1日	ハイキング	15
3	2	15370317	豊臣　秀吉	男	43	168	82.3	27%	週5日	ランニング	10
4	3	15430131	徳川　家康	男	37	170	67.6	22%	無		37
5	4	15211201	武田　信玄	男	59	178	75.8	19%	無		18
6	5	15300218	上杉　謙信	男	50	182	68.9	14%	週3日	フットサル	16
7	6	15670905	伊達　政宗	男	23	166	53.7	16%	週1日	水泳	8
8	7	15391111	長宗我部　元親	男	41	154	42.2	24%	無		50
9	8	15150123	北条　氏康	男	65	154	47.2	14%	週3日	登山	11
10	9	15190507	今川　義元	男	61	192	90.2	27%	無		44
11	10	14970416	毛利　元就	男	83	189	69.6	15%	週3日	ランニング	9

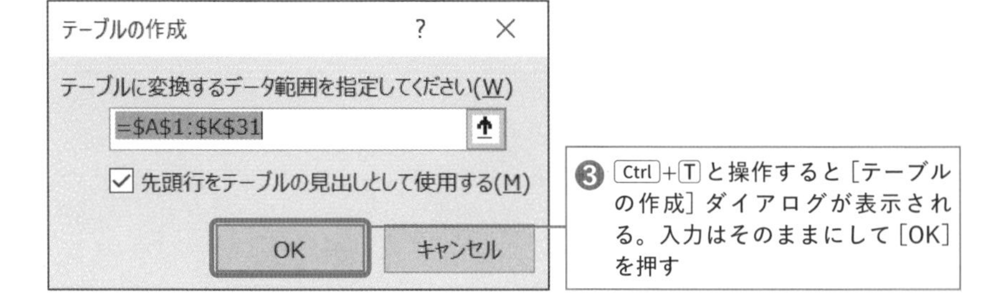

	A	B	C	D	E	F	G	H	I	J	K
1	No	社員番号	氏名	性別	年齢	身長	体重	体脂肪率	運動習慣の有無	運動の種類	一か月の残業時
2	1	15340623	織田　信長	男	46	175	86.4	15%	週1日	ハイキング	
3	2	15370317	豊臣　秀吉	男	43	168	82.3	27%	週5日	ランニング	
4	3	15430131	徳川　家康	男	37	170	67.6	22%	無		
5	4	15211201	武田　信玄	男	59	178	75.8	19%	無		
6	5	15300218	上杉　謙信	男	50	182	68.9	14%	週3日	フットサル	
7	6	15670905	伊達　政宗	男	23	166	53.7	16%	週1日	水泳	
8	7	15391111	長宗我部　元親	男	41	154	42.2	24%	無		
9	8	15150123	北条　氏康	男	65	154	47.2	14%	週3日	登山	
10	9	15190507	今川　義元	男	61	192	90.2	27%	無		
11	10	14970416	毛利　元就	男	83	189	69.6	15%	週3日	ランニング	
12	11	15450828	浅井　長政	男	35	152	49.9	12%	週5日	乗馬	
13	12	15430717	前田　慶次	男	37	190	74.5	14%	週5日	ランニング	
14	13	15300131	大友　義鎮	男	50	157	44.3	21%	週1日	ウォーキング	
15	14	15330209	島津　義久	男	47	172	56.1	25%	週1日	サッカー	
16	15	15671218	立花　宗茂	男	26	179	79.5	26%	無		
17	16	15380115	前田　利家	男	42	169	52.9	14%	週3日	サッカー	
18	17	15220628	柴田　勝家	男	58	162	54.8	16%	週1日	野球	
19	18	15270919	酒井　忠次	男	53	192	72.2	20%	週1日	卓球	
20	19	15480317	本多　忠勝	男	32	169	66.9	14%	週5日	剣術	

テーブルを作ると、ツールバーに「テーブルデザイン」が追加されます。

その中にある「集計行」のチェックボックスをON（✓）にしてください。

テーブルのいちばん下に、集計という一行が追加されます。

集計の行では、データの個数を数えたり、数値の合計、平均値の計算をプルダウンから選ぶことができます。

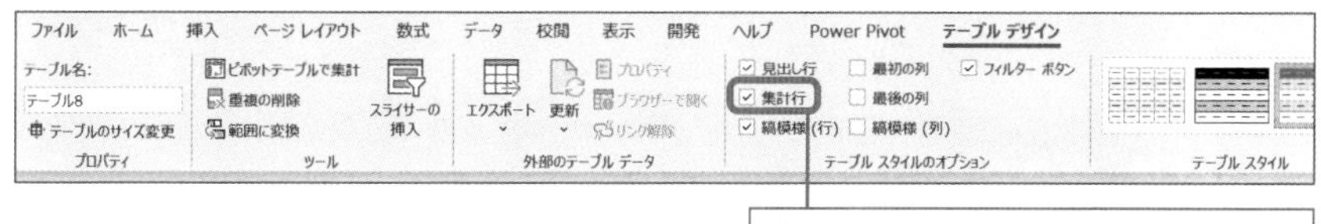

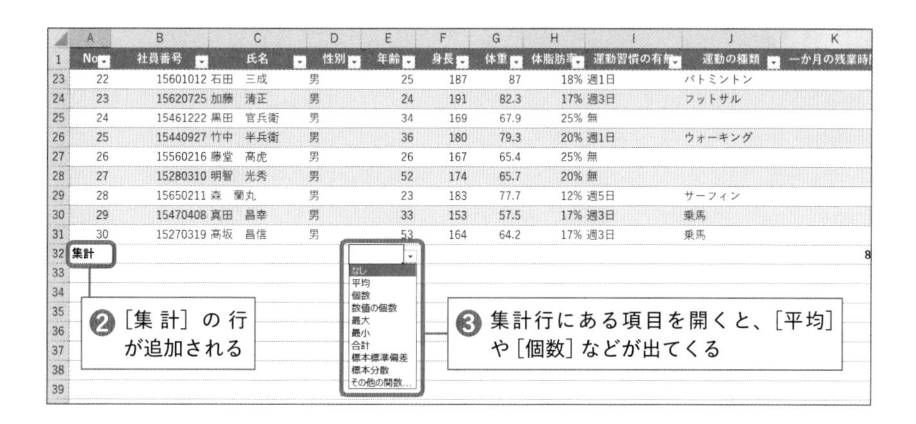

②個別の集計はピボットテーブルにお任せ

これまで説明してきたテーブル機能には弱点があります。この項目の冒頭で説明した通り、「全体の合計や平均を計算することはできる」のですが、「個別の集計ができない」のです。

このように、全体ではなく、特定のグループに分けて集計をしたいときは、ピボットテーブルを使います。

ピボットテーブルは「クロス集計」を行うために用意された機能です。クロス集計とは、例えば列見出しに年度、行見出しに店舗名を並べて、その両者が交わるセルに各店の販売数を集計する機能です。

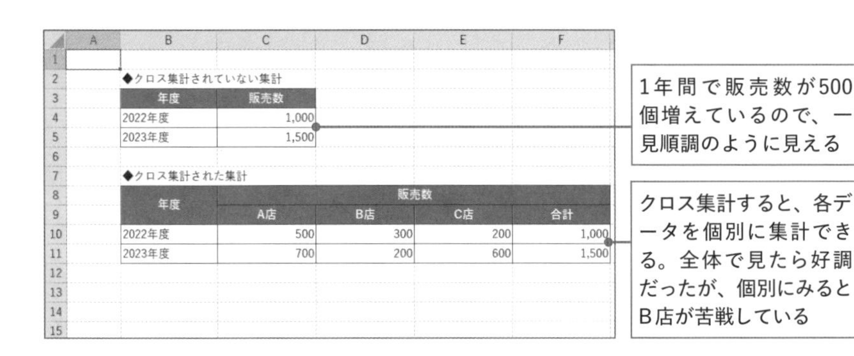

◆クロス集計されていない集計

年度	販売数
2022年度	1,000
2023年度	1,500

◆クロス集計された集計

年度	販売数			
	A店	B店	C店	合計
2022年度	500	300	200	1,000
2023年度	700	200	600	1,500

ピボットテーブルを使って**クロス集計を行うことで、全体の集計では見えない法則性を見つけることができます**。たとえば、「体脂肪率は年代別では大差はないが、運動習慣の違いで見たら差が顕著に表れる」といった感じです。

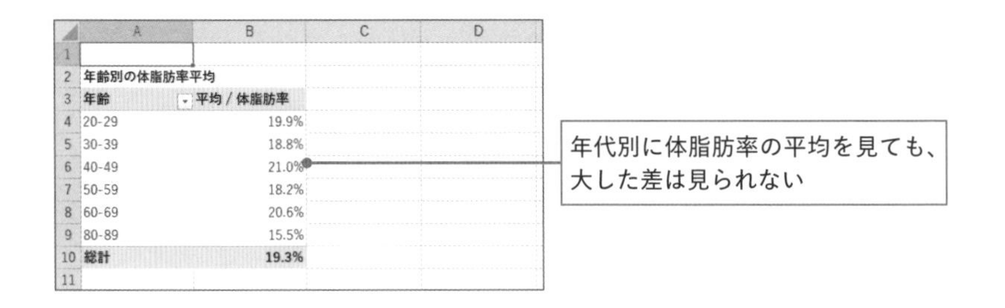

年齢別の体脂肪率平均

年齢	平均 / 体脂肪率
20-29	19.9%
30-39	18.8%
40-49	21.0%
50-59	18.2%
60-69	20.6%
80-89	15.5%
総計	**19.3%**

集計表を1から手作業で作ることも可能ですが、時間が掛かるし、ミスをする可能性も高くなります。これこそ、ムダな作業です。

「ピボットテーブルってよく分からない」とは思わずに、ぜひ活用していきましょう。

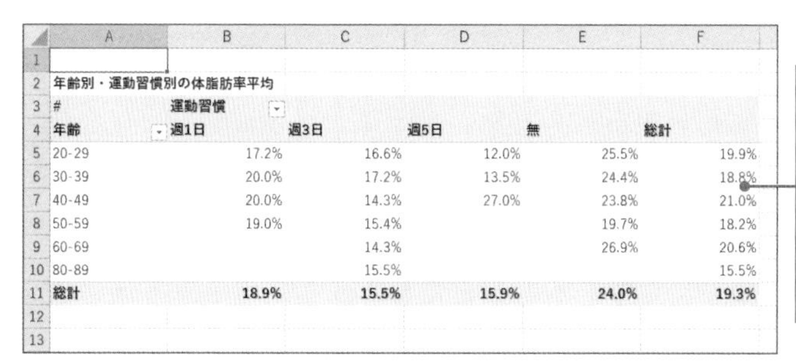

#	運動習慣				
年齢	週1日	週3日	週5日	無	総計
20-29	17.2%	16.6%	12.0%	25.5%	19.9%
30-39	20.0%	17.2%	13.5%	24.4%	18.8%
40-49	20.0%	14.3%	27.0%	23.8%	21.0%
50-59	19.0%	15.4%		19.7%	18.2%
60-69		14.3%		26.9%	20.6%
80-89		15.5%			15.5%
総計	18.9%	15.5%	15.9%	24.0%	19.3%

年齢別・運動習慣別の体脂肪率平均

年齢別と運動習慣別に体脂肪率の平均を見てみたら、運動習慣が増えるにしたがって体脂肪率が減っている傾向が見てとれる

早速、先ほど紹介した「年代別の体脂肪率の平均」と「年代別運動習慣別の体脂肪率の平均」を集計するピボットテーブルの作り方を解説していきます。

年齢別の体脂肪率平均の作り方

❶ Ctrl+A と押して表の全体を選択する

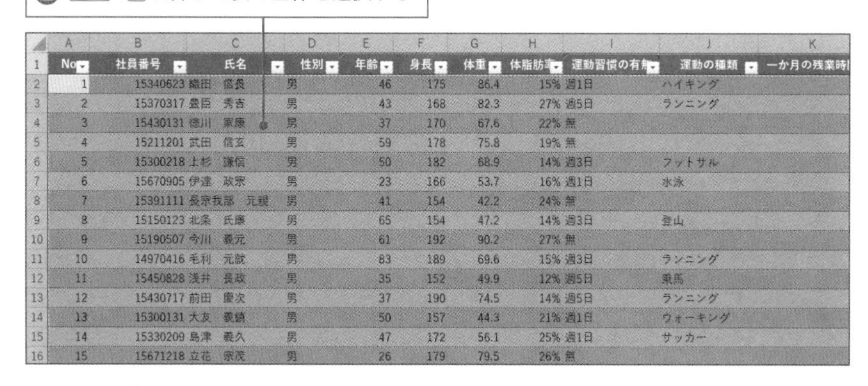

No	社員番号	氏名	性別	年齢	身長	体重	体脂肪率	運動習慣の有無	運動の種類	一か月の残業時
1	15340623	織田 信長	男	46	175	86.4	15%	週1日	ハイキング	
2	15370317	豊臣 秀吉	男	43	168	82.3	27%	週5日	ランニング	
3	15430131	徳川 家康	男	37	170	67.6	22%	無		
4	15211201	武田 信玄	男	59	178	75.8	19%	無		
5	15300218	上杉 謙信	男	50	182	68.9	14%	週3日	フットサル	
6	15670905	伊達 政宗	男	23	166	53.7	16%	週1日	水泳	
7	15391111	長宗我部 元親	男	41	154	42.2	24%	無		
8	15150123	北条 氏康	男	65	154	47.2	14%	週3日	登山	
9	15190507	今川 義元	男	61	192	90.2	27%	無		
10	14970416	毛利 元就	男	83	189	69.6	15%	週3日	ランニング	
11	15450828	浅井 長政	男	35	152	49.9	12%	週5日	乗馬	
12	15430717	前田 慶次	男	37	190	74.5	14%	週5日	ランニング	
13	15300131	大友 義鎮	男	50	157	44.3	21%	週1日	ウォーキング	
14	15330209	島津 義久	男	47	172	56.1	25%	週1日	サッカー	
15	15671218	立花 宗茂	男	26	179	79.5	26%	無		

❷［挿入］タブをクリックする

❸［ピボットテーブル］をクリックする

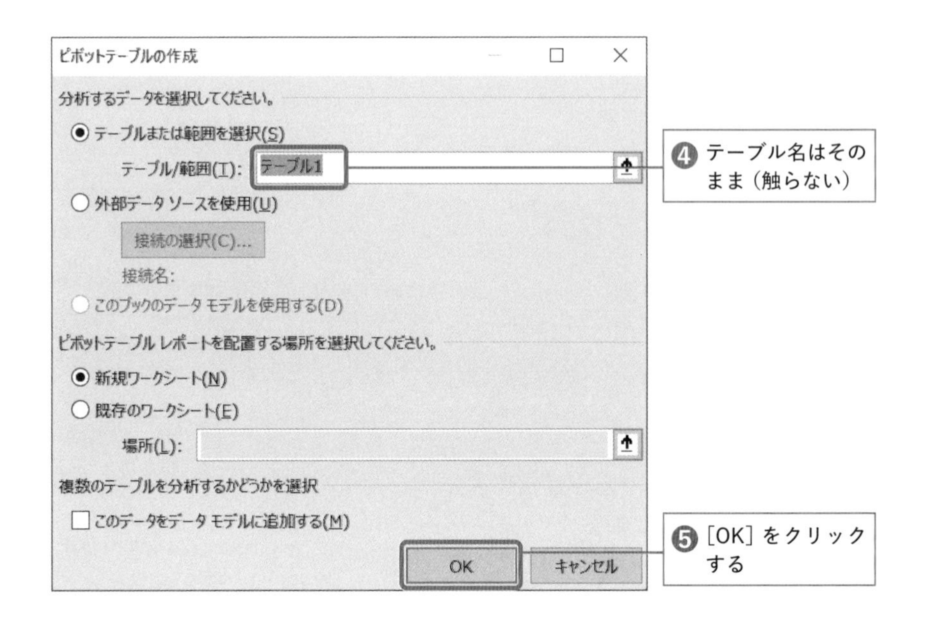

ここまでの操作をすると、新しいシートが作成されます。これはピボットテーブル用の新しいシートです。ここからはそのシートで作業していきます。

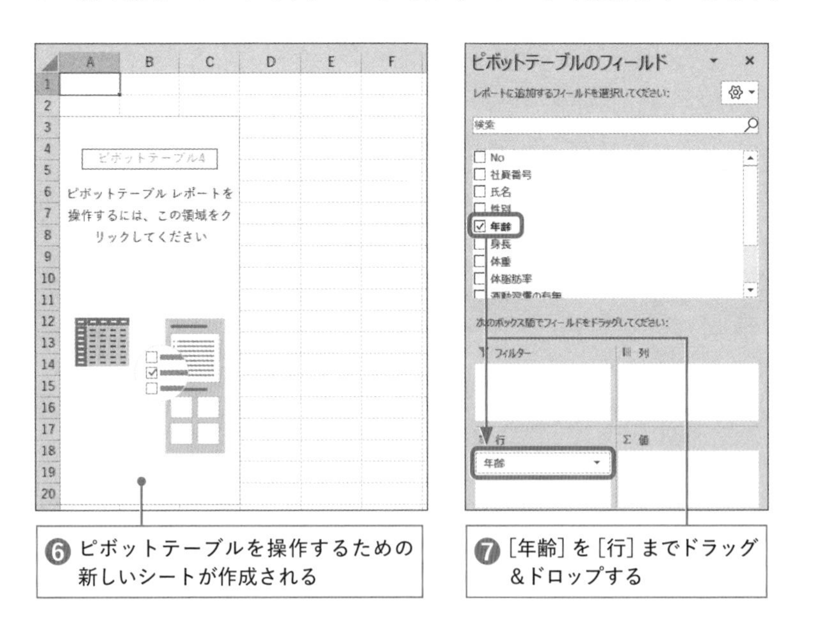

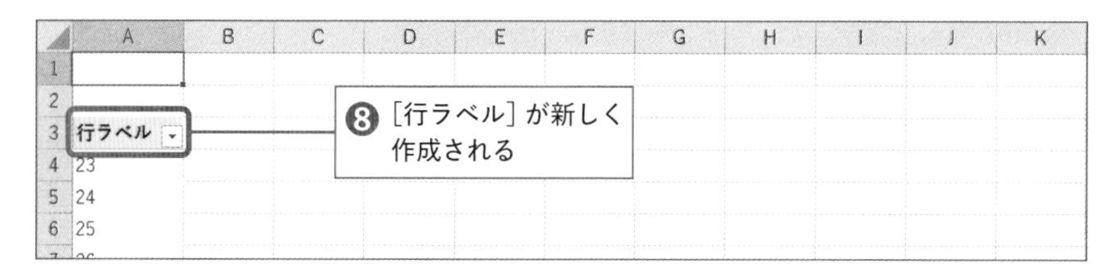

行ラベル
23
24
25
❽［行ラベル］が新しく作成される

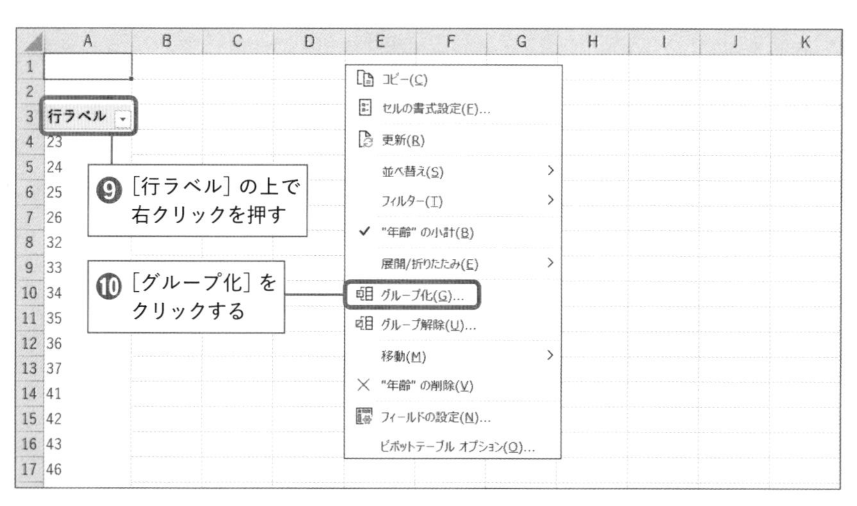

行ラベル
23
24
25
26
32
33
34
35
36
37
41
42
43
46
コピー(C)
セルの書式設定(F)...
更新(R)
並べ替え(S)
フィルター(T)
"年齢" の小計(B)
展開/折りたたみ(E)
グループ化(G)...
グループ解除(U)...
移動(M)
"年齢" の削除(V)
フィールドの設定(N)...
ピボットテーブル オプション(O)...
❾［行ラベル］の上で右クリックを押す
❿［グループ化］をクリックする

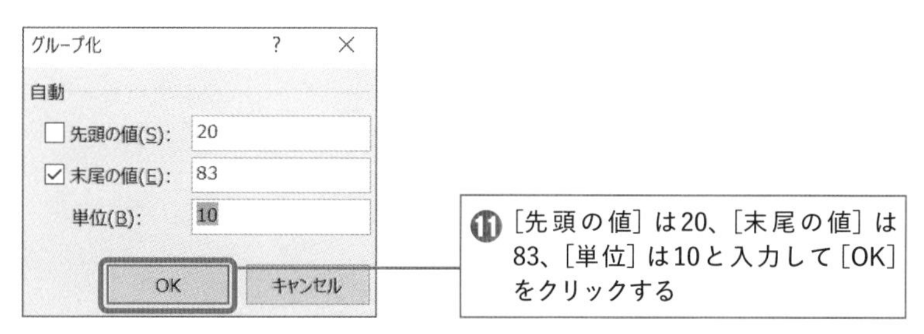

グループ化
自動
先頭の値(S): 20
末尾の値(E): 83
単位(B): 10
OK
キャンセル
⓫［先頭の値］は20、［末尾の値］は83、［単位］は10と入力して［OK］をクリックする

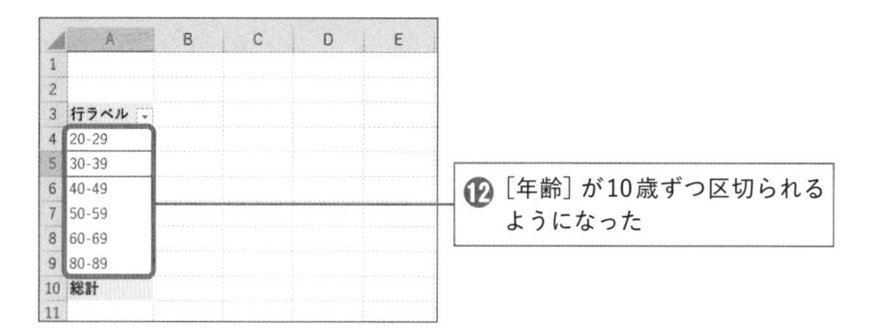

行ラベル
20-29
30-39
40-49
50-59
60-69
80-89
総計
⓬［年齢］が10歳ずつ区切られるようになった

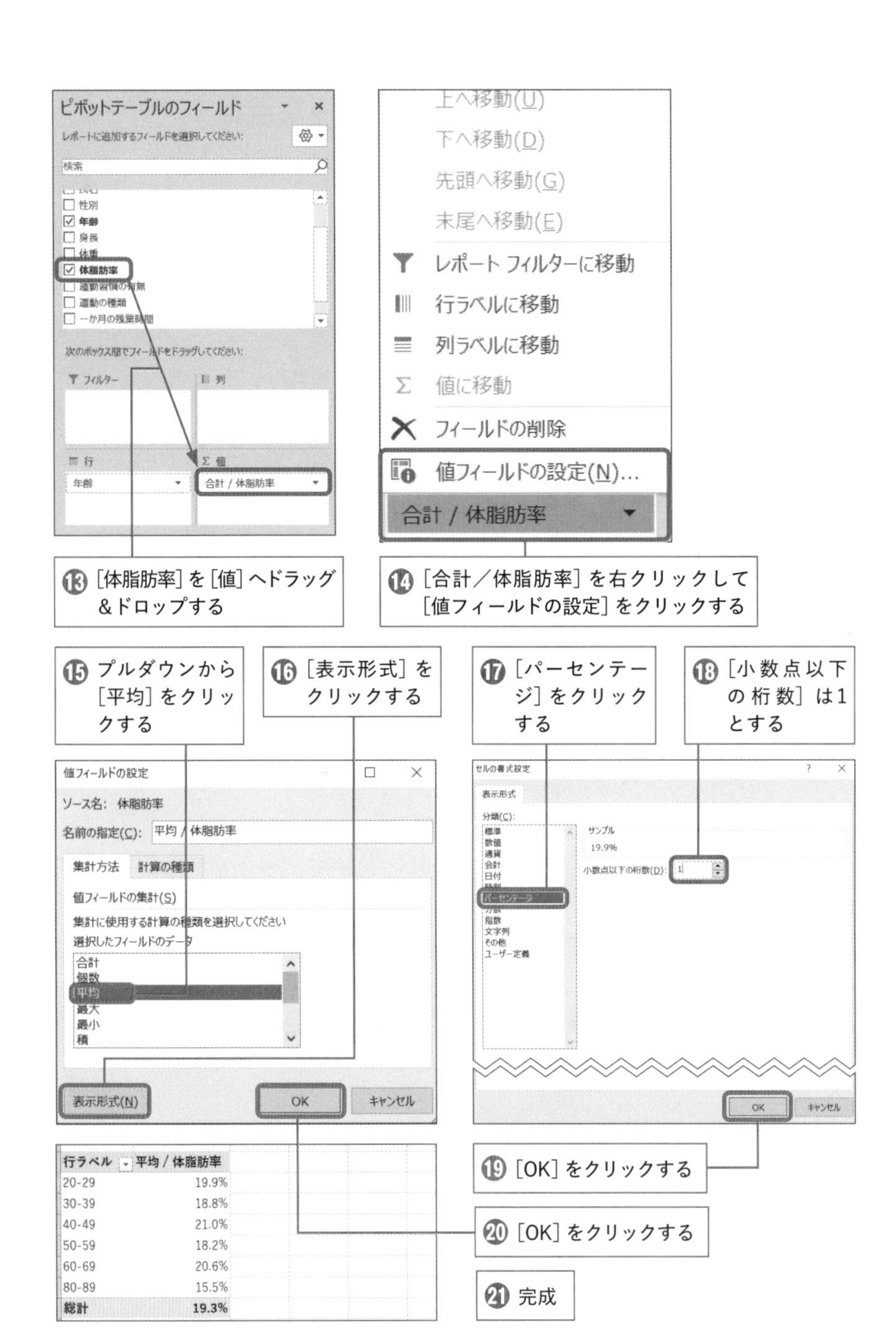

ピボットテーブルのフィールド
レポートに追加するフィールドを選択してください:
検索
性別
年齢
身長
体重
体脂肪率
運動習慣の有無
運動の種類
一か月の残業時間
次のボックス間でフィールドをドラッグしてください:
フィルター
列
行
値
年齢
合計 / 体脂肪率
上へ移動(U)
下へ移動(D)
先頭へ移動(G)
末尾へ移動(E)
レポート フィルターに移動
行ラベルに移動
列ラベルに移動
値に移動
フィールドの削除
値フィールドの設定(N)...
合計 / 体脂肪率
⑬［体脂肪率］を［値］へドラッグ＆ドロップする
⑭［合計／体脂肪率］を右クリックして［値フィールドの設定］をクリックする
⑮プルダウンから［平均］をクリックする
⑯［表示形式］をクリックする
⑰［パーセンテージ］をクリックする
⑱［小数点以下の桁数］は1とする
値フィールドの設定
ソース名: 体脂肪率
名前の指定(C): 平均 / 体脂肪率
集計方法
計算の種類
値フィールドの集計(S)
集計に使用する計算の種類を選択してください
選択したフィールドのデータ
合計
個数
平均
最大
最小
積
表示形式(N)
OK
キャンセル
セルの書式設定
表示形式
分類(C):
標準
数値
通貨
会計
日付
時刻
パーセンテージ
分数
指数
文字列
その他
ユーザー定義
サンプル
19.9%
小数点以下の桁数(D): 1
OK
キャンセル
行ラベル
平均 / 体脂肪率
20-29 19.9%
30-39 18.8%
40-49 21.0%
50-59 18.2%
60-69 20.6%
80-89 15.5%
総計 19.3%
⑲［OK］をクリックする
⑳［OK］をクリックする
㉑完成

年齢別・運動習慣別の体脂肪率平均の作り方

続いて、年齢別と運動習慣別に分類した、体脂肪率の平均を、ピボットテーブルを使って集計していきます。

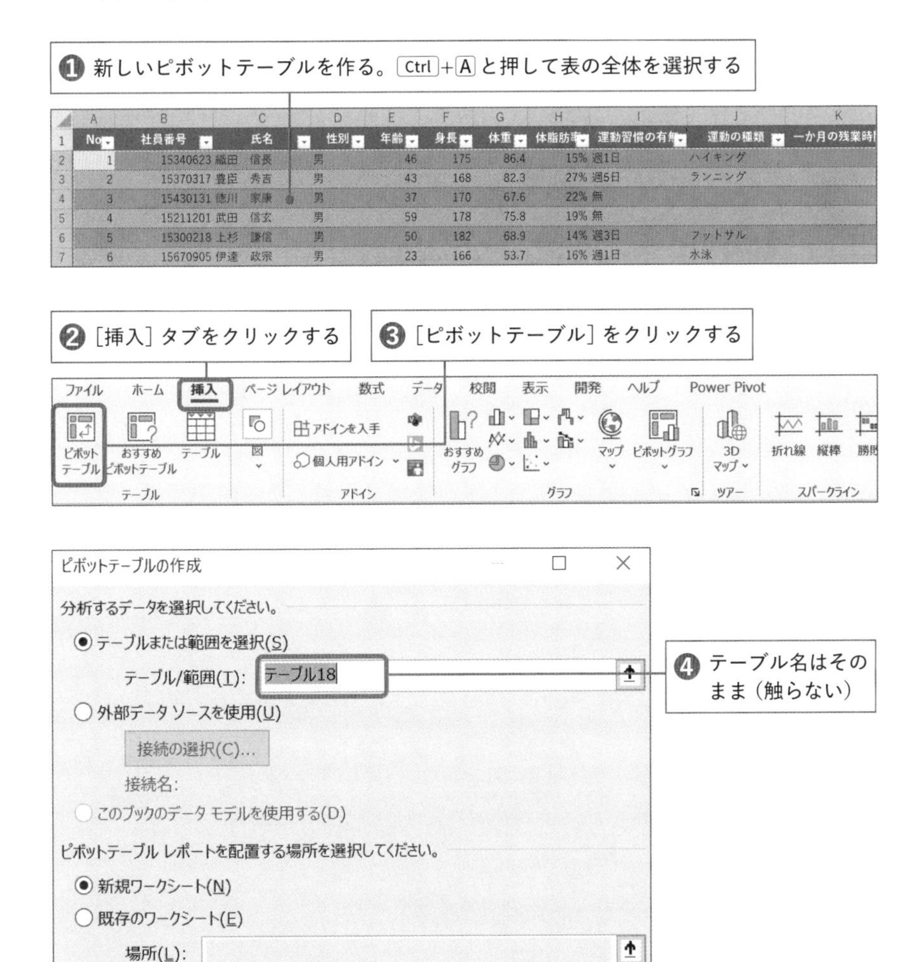

No	社員番号	氏名	性別	年齢	身長	体重	体脂肪率	運動習慣の有無	運動の種類	一か月の残業時間
1	15340623	織田 信長	男	46	175	86.4	15%	週1日	ハイキング	
2	15370317	豊臣 秀吉	男	43	168	82.3	27%	週5日	ランニング	
3	15430131	徳川 家康	男	37	170	67.6	22%	無		
4	15211201	武田 信玄	男	59	178	75.8	19%	無		
5	15300218	上杉 謙信	男	50	182	68.9	14%	週3日	フットサル	
6	15670905	伊達 政宗	男	23	166	53.7	16%	週1日	水泳	

ピボットテーブルを操作するための、新しいシートが作成されます。

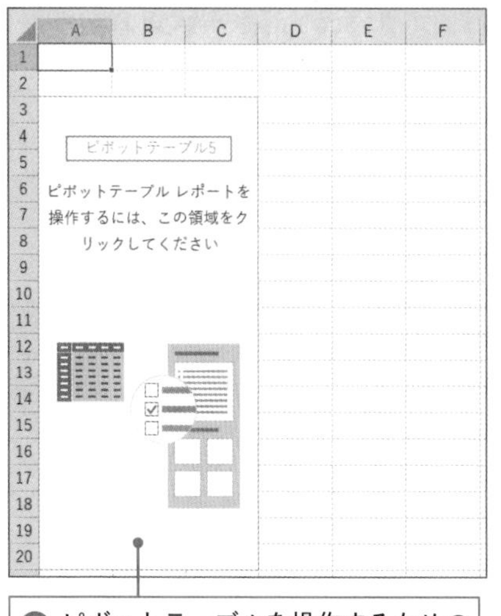

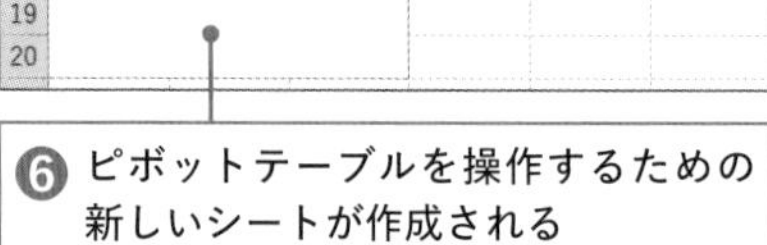

❻ ピボットテーブルを操作するための新しいシートが作成される

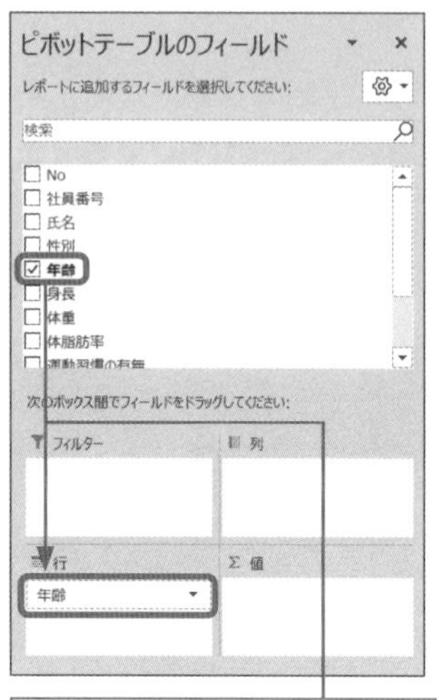

❼ [年齢] を [行] までドラッグ&ドロップする

❽ [行ラベル] が新しく作成される

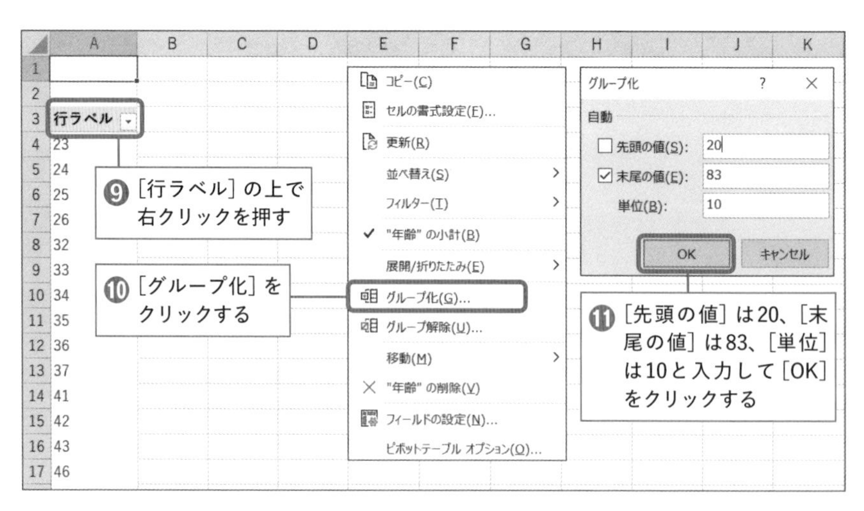

❾ [行ラベル] の上で右クリックを押す

❿ [グループ化] をクリックする

⓫ [先頭の値] は20、[末尾の値] は83、[単位] は10と入力して [OK] をクリックする

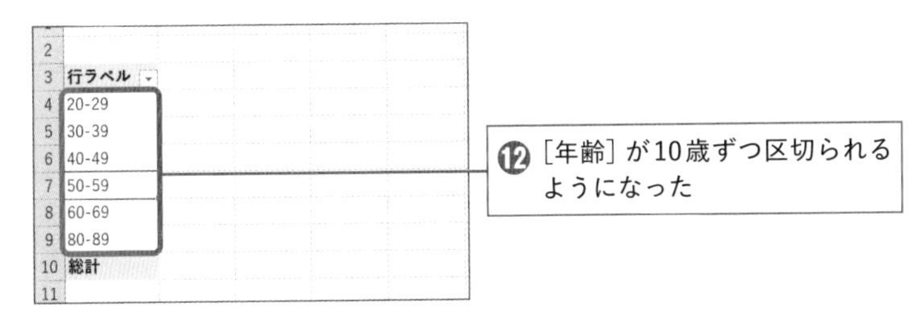

ここまでは、1つ前の操作手順と同じです。

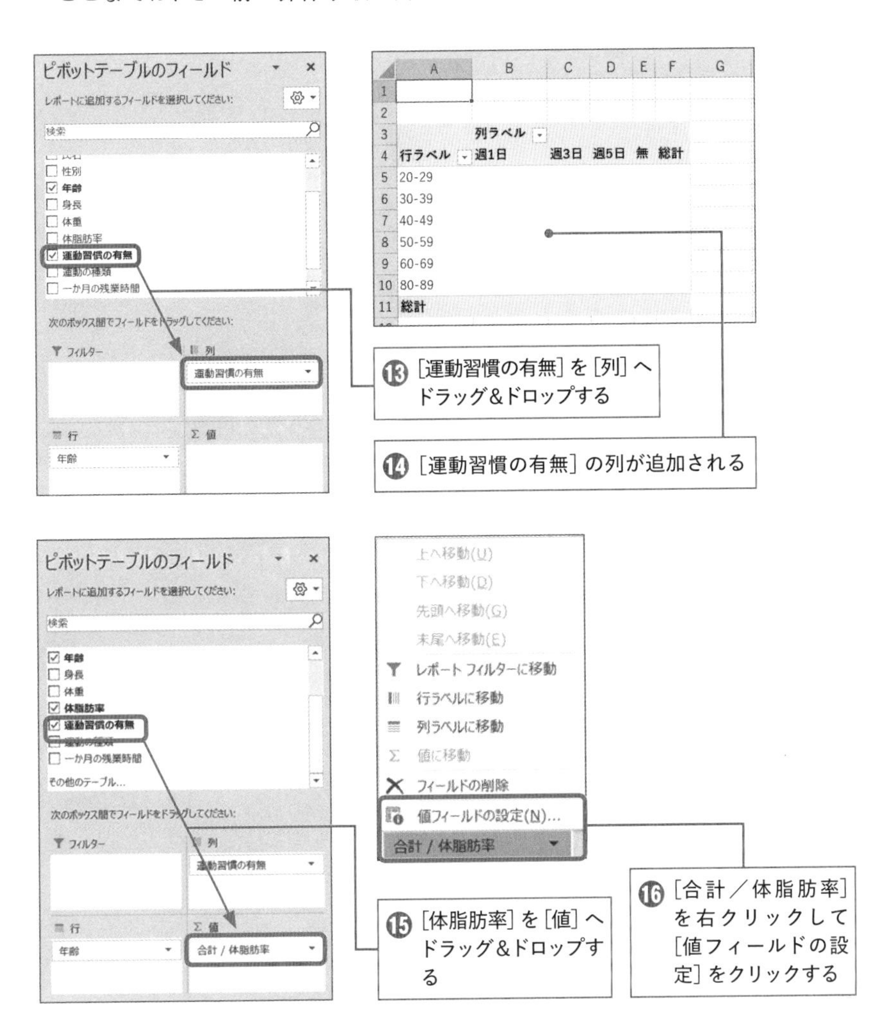

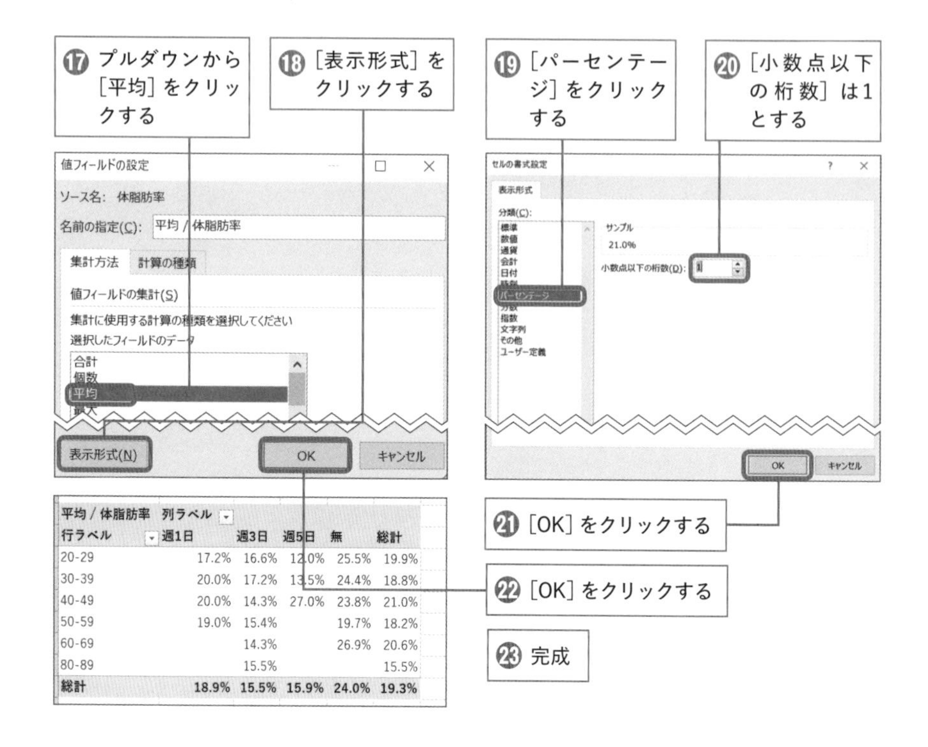

平均 / 体脂肪率	列ラベル				
行ラベル	週1日	週3日	週5日	無	総計
20-29	17.2%	16.6%	12.0%	25.5%	19.9%
30-39	20.0%	17.2%	13.5%	24.4%	18.8%
40-49	20.0%	14.3%	27.0%	23.8%	21.0%
50-59	19.0%	15.4%		19.7%	18.2%
60-69		14.3%		26.9%	20.6%
80-89		15.5%			15.5%
総計	**18.9%**	**15.5%**	**15.9%**	**24.0%**	**19.3%**

年齢別、運動習慣別の体脂肪率の平均を、ピボットテーブルを使って計算することができました。

③「散布図」でデータの相関関係を示す

散布図を説明する前に、どのようなグラフかをお見せします。

■ 縦軸に残業時間、横軸に体脂肪率を指定した散布図

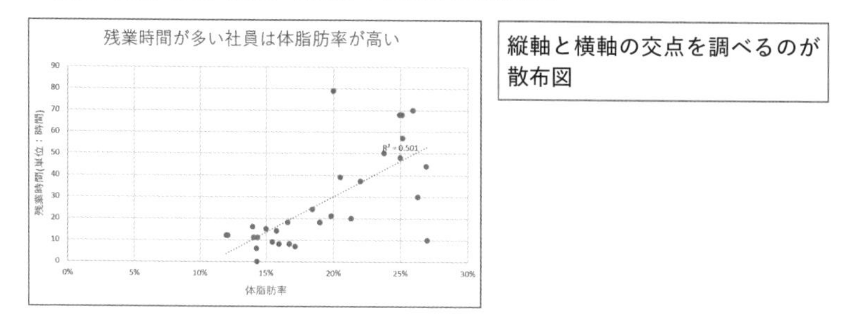

グラフの点線に注目してください。「残業時間が多い社員は、体脂肪率が高い」ことが分かるでしょうか。

忙しくて運動する時間が作れない、晩ごはんを食べるのが遅い時間になってしまうなど、残業時間と体脂肪率は関係がありそうだと推測できます。つまり、残業時間を減らせば、体脂肪率を減らせるかもしれません。

残業時間と体脂肪率のように、どちらか一方の値が変化するともう一方も変化するような関係を**相関関係**と呼びます。その中でも、残業時間と体脂肪率のように、片方の数字が増えるともう片方の数字が増えることを、「正の相関がある」と言います。

なぜ相関関係を見つけたいかは、相関関係はそのまま根拠になるからです。

この相関関係は見つけるために使えるのが、「散布図」です。残業時間と体脂肪率を使って、散布図の作り方を解説します。

❶ [H列] をクリックして、体脂肪率の列をすべて選ぶ

	A	B	C	D	E	F	G	H	I	J	K
1	No	社員番号	氏名	性別	年齢	身長	体重	体脂肪	運動習慣の有	運動の種類	一か月の残業時
2	1	15340623	織田　信長	男	46	175	86.4	15%	週1日	ハイキング	15
3	2	15370317	豊臣　秀吉	男	43	168	82.3	27%	週5日	ランニング	10
4	3	15430131	徳川　家康	男	37	170	67.6	22%	無		37
5	4	15211201	武田　信玄	男	59	178	75.8	19%	無		18
6	5	15300218	上杉　謙信	男	50	182	68.9	14%	週3日	フットサル	16
7	6	15670905	伊達　政宗	男	23	166	53.7	16%	週1日	水泳	8
8	7	15391111	長宗我部　元親	男	41	154	42.2	24%	無		50
9	8	15150123	北条　氏康	男	65	154	47.2	14%	週3日	登山	11
10	9	15190507	今川　義元	男	61	192	90.2	27%	無		44

❷ Ctrl を押しながら [K列] をクリックして、一か月の残業時間の列をすべて選ぶ。Ctrl を押していると、[H列] と [K列] が両方選ばれた状態になる

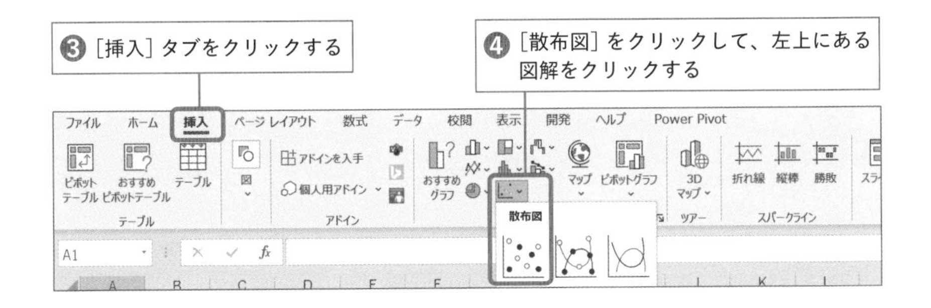

散布図が出来上がりました。

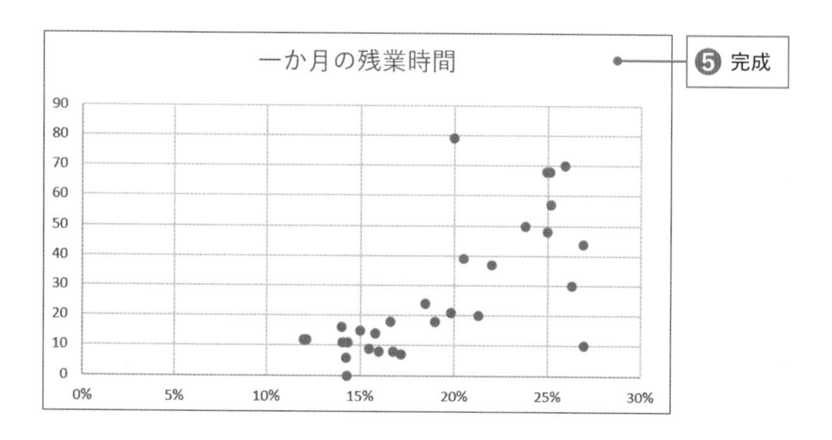

④散布図で「近似曲線」と「R-2乗値」を表示する

散布図では「近似曲線」と「R-2乗値」を表示させます。

「近似曲線」と「R-2乗値」が何かというと、次のグラフを見てください。

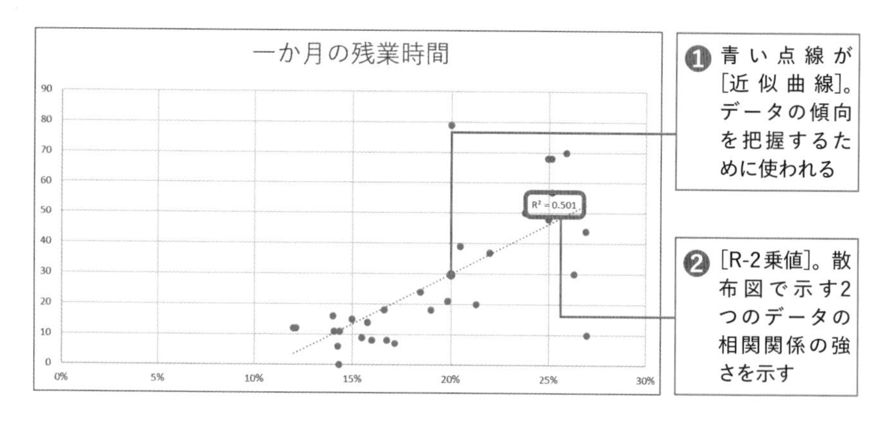

右上に伸びている青い点線が「近似曲線」です。近似曲線は、散らばっている交点のなるべく近くを通るように引いた直線または曲線のことを指します。今回示すケースは、直線の近似線です。

「R-2乗値」は2つのデータの相関の強さを示す値です。片方の数字が増えるともう片方の数字が増えることを、「正の相関が強い」と言います。1に近づくほど相関が強く、0に近いと相関は弱くなります。**「R-2乗値」が0.5以上だと正の相関がある目安**となります。今回の場合は「0.501」なので、正の相関があると言えそうです。

　ということで、散布図を示す際は「近似曲線」と「R-2乗値」を載せましょう。表示させる手順は次の通りです。

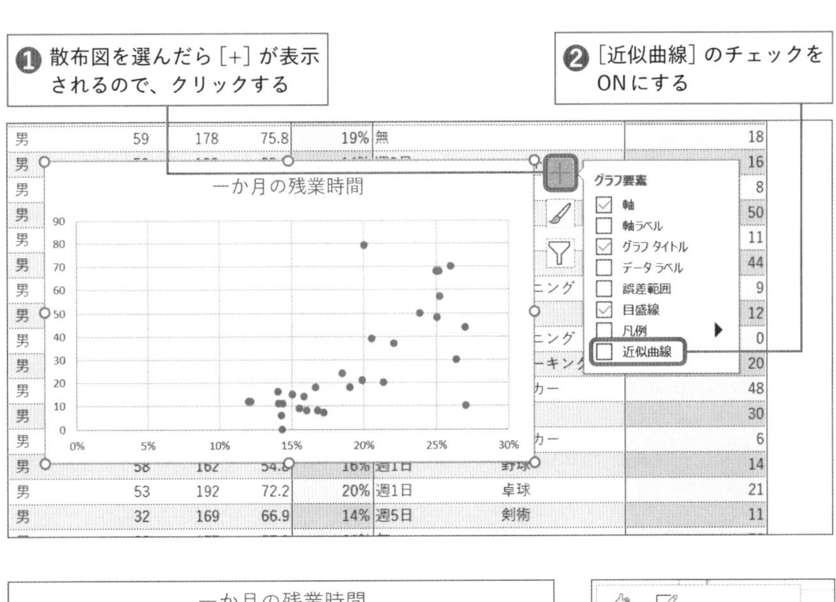

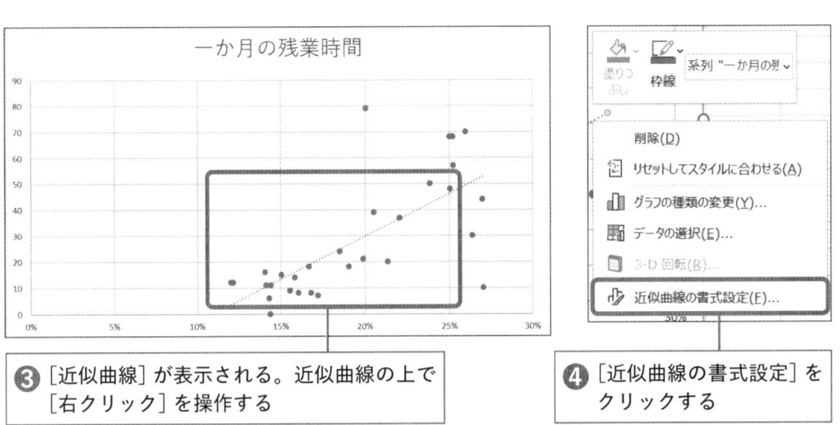

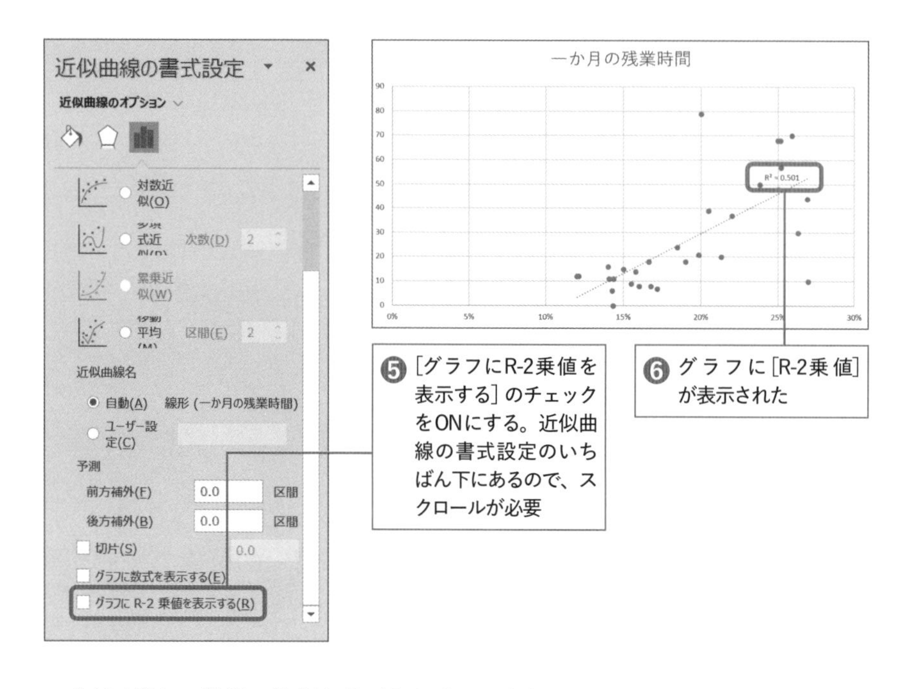

分析は難しい数学や技術が必要なわけではありません。

昔はそうした技術が必要でしたが、Excelが登場したことで、実は状況が一変していたのです。でも多くの人はそこまでExcelを使いこなせていないのが実情かもしれませんね。

ここで解説した通り、Excelの機能を使うことで、驚くほど簡単に、誰にでも分析を行うことができるのです。

ぜひ実務で活用してみてください。

Point

- データ分析は、「テーブル」「ピボットテーブル」「散布図」だけでできる
- データ分析のコツは、比較、グループ分け、並べ替え、集計

第5章

仕上げる

「見栄えが悪すぎて、落ち込む……」
いざ資料完成というときに、絶望する瞬間です。
でも、まだ資料作成の途中段階だから仕方ないことです。
見た目をきれに整えるルールとコツを適用すれば、大丈夫。
「見やすく、伝わりやすく、説明不要」の資料を作ろう！

introduction イントロダクション

「表やグラフを手際よく作れる人に憧れるなー」

「コウジくんなら、このまま勉強を続ければ、表やグラフを思い通りに作れるようになりますよ」

「先生からそう言ってもらえると、自信になります。がんばろ」

「さて今日からテーマが変わります。集める→まとめる→仕上げる3ステップの最後の工程、仕上げる作業です」

「先生、どんなことをするんですか？」

「これまで一緒に作ってきたアンケート結果、ピボットテーブル、グラフをまとめる作業です。料理にたとえるなら、『盛り付け』の作業に似ています」

「先生、言っている意味が……」

「視点を変えてみますね。私たちが作成した資料は、誰かに見せるために作りました。ということは、見る人にとって『分かりやすく、正しく伝わるように、見せ方を整える』必要があります。それをするのが、仕上げる工程です」

「資料をきれいにする作業ですね」

「仕事は誰かのために行います。集める工程も、まとめる工程も、通過点に過ぎません。最後の仕上げがイマイチだと、せっかくいい資料ができていても、悪い印象を与えてしまいます。最後まで気を抜かずにやり抜きましょう」

「でも、きれいに見せるなんて難しそう……」

「デザイン的にこる必要はありませんよ。基本は、『報告のゴール』を整理して、『何を伝えたいのか』を明確にして、それが伝わるように順番を組み立てること。見せ方の工夫は少しだけです。伝える順番が明確なら、それだけで、報告を受ける人はすんなりと理解できます」

「そんな難しいこと、できるかな……」

「これから紹介するちょっとしたコツを覚えればできますよ。一緒に報告書を作っていきましょう」

Chapter 5　この章で学べること

いよいよ「集める→まとめる→仕上げる」の3ステップの最後の工程「仕上げ」の作業です。

料理にたとえると「盛り付け」の作業です。フライパンで焼いたお肉をどうやってテーブルに出すか。フライパンのまま提供するのも斬新ですが、お皿にのせてソースをかけてトッピングを添えて、メインディッシュとして引き立てる盛り付けもできます。

盛り付けることで、食べる人に「出来上がり」とうことを知らせ、味だけでなく、「見た目」でも楽しませることができます。また、何がメインで、周りのソースやトッピングをどのように味わってほしいのか、というメッセージも伝えることができます。

つまり、**盛り付け次第で、その料理をどう食べてほしいのか、どう食べるとおいしいのかということを一発で伝えることができる**のです。

Excelも同じです。作った表やグラフをそのまま出す人を見かけますが、非常にもったいない。見やすく、分かりやすい形に整えるだけで、印象がガラっと変わります。

そして、Excelの場合は、料理ほど創意工夫は求められます。むしろ、ビジネス利用がメインなので、決まった形で形式を整えることになります。

そのため必要なのは、**ちょっとしたルールとコツを覚えること**です。

第5章では、これまで一緒に作ってきた、ピボットテーブルの表と散布図のグラフを使って、伝わりやすい表とグラフの見せ方を解説していきます。原則は最初に覚えるときは苦労しますが、一度覚えたら一生使えますよ。

Chapter 5 5-1 「仕上げる」は報告の完成形を作る作業

　これまで作ってきた表やグラフを使って、報告内容をわかりやすく伝えられるように、一緒に考えていきましょう。
「報告書」となると堅苦しいですが、必ずしも報告書が求められることはまれだと思います。口頭やメモ書き、メールなどで簡単に報告することがほとんどではないでしょうか。

　でも、「報告」をするときに、きちんと伝えられなかったということはよくあるものです。報告をしたけど、「○○が足りないよ」と返されて、表やグラフを見ればそれがきちんと示されているけど、「報告には漏れていた」というケースです。
　つまり、**報告する材料があっても、きちんと報告すべき点を網羅していなかった**のです。

　そうならないためには、報告のための段取りを知り、正しい報告の完成形をつくっておくことが必要です。

報告の「ゴール」を決める

　いちばん最初は「この報告のゴール」をひと言で表現することです。「ゴール」とは、報告で一番伝えたいことです。
　ゴールを決めるために、改めて宿題を確認します。
「社員の運動習慣に関する情報をまとめて、体脂肪率の増加と関係があるかを報告すること」
　とあります。つまり、
「社員の運動習慣と体脂肪率の増加は関係がある（ない）」
　と言えればよいわけです。これが「この報告のゴール」です。

この問いに対して、ここまでの作業で結論は明らかです。

「社員の運動習慣と体脂肪率の増加は関係がある」

根拠は、第4章で作成したピボットテーブルです。

■ 第4章で作成した「年齢別・運動習慣別の体脂肪率平均」のピボットテーブル

平均 / 体脂肪率	列ラベル				
行ラベル	週1日	週3日	週5日	無	総計
20-29	17.2%	16.6%	12.0%	25.5%	19.9%
30-39	20.0%	17.2%	13.5%	24.4%	18.8%
40-49	20.0%	14.3%	27.0%	23.8%	21.0%
50-59	19.0%	15.4%		19.7%	18.2%
60-69		14.3%		26.9%	20.6%
80-89		15.5%			15.5%
総計	**18.9%**	**15.5%**	**15.9%**	**24.0%**	**19.3%**

この表から、運動習慣が「無」の社員は、ほかの社員に比べて体脂肪率が高いことが読み取れます。

報告は「答え＋考察」で完成する

「問いに対して答えを示したので、これで終了‼」

と思った人は要注意です。学校の宿題なら、問いに対して答えを示せば満点ですが、ビジネスでは及第点ではあっても満点ではありません。

もう1つ情報を付け足すことをおすすめします。それは「原因・対策」です。

ピボットテーブルの結果から、「運動習慣と体脂肪率の増加に関係がある」と分かりました。でも、これだけ報告しても、上司からすると、

「それで、どうすればいいんだ？」

と、改善策を知りたくなるのです。それが組織というものです。そこに先回りして、**原因・対策までを「考察」として示せると、完璧な報告となる**のです。そして、あなたの評価もグッと上がります。

このタイミングで、報告材料が不足していたら？

では、「考察」を作り上げていきます。

まず、一緒に作成した散布図に注目します。

■ 第4章で作成した「体脂肪率と残業時間」の散布図

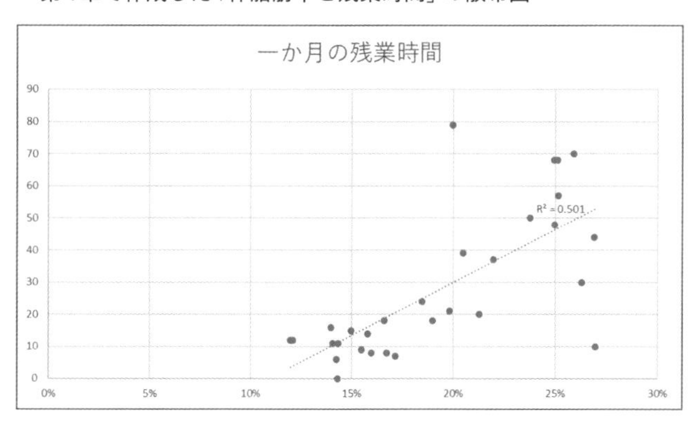

散布図から、「残業時間と体脂肪率は正の相関がある」ことがわかります。要するに「残業が多い人は、体脂肪率が高い」ということです。

つまり、
「残業が多い→運動習慣がない→体脂肪率が高い」
という関係が成り立ちそうです。逆にいえば、「残業時間が減り、運動習慣を持つようになれば、体脂肪率が低くなる」といえそうです。
そうすると「残業時間と運動習慣の関係」も明らかにしたいところですが、該当するピボットテーブルや散布図はありません。

このように、「仕上げ」や「報告」のタイミングで、材料（表やグラフ）不足に気づくことがあります。最初にゴールを決めて作業を初めても、途中で新たな仮説が生まれ、材料不足になることはよくあることです。
報告をする前に気づけて良かったと前向きに考えて、まとめる工程に戻って表やグラフを追加していきます。

これは**手戻りではなく、より正確な報告への進化**です。新たな資料を作成した経緯なども含めて、報告としてまとめましょう。

新たに作成したピボットテーブルがこちらです。

残業時間（平均）	運動習慣の有無			
年齢	無	週1日	週3日	週5日
20-29	51.7	16.0	18.0	12.0
30-39	58.3	79.0	7.0	7.7
40-49	50.0	31.5	6.0	10.0
50-59	28.5	18.3	12.0	
60-69	44.0		11.0	
80-89			9.0	

年齢別に、運動習慣の有無と残業時間を［ピボットテーブル］で集計した結果

人数	運動習慣				
年齢	無	週1日	週3日	週5日	総計
20-29	3	2	1	1	7
30-39	3	1	1	3	8
40-49	1	2	1	1	5
50-59	2	3	2		7
60-69	1		1		2
80-89			1		1
総計	**10**	**8**	**7**	**5**	**30**

年齢別に、「運動習慣の有無」と「人数」を［ピボットテーブル］で集計

この2つの表をつくる手順の解説はあえて割愛します。ここまでを読んだ知識で、このピボットテーブルは作れるからです。ここまでの作業を振り返って、作成してみてください。

この表から、運動習慣が「無」の社員は残業時間が多いと言えそうです。特に20代と30代の6名が顕著で、社員総数30名の会社なので、全体の20%に相当します。この6名を重点的に対策するだけでも、変化が見込めそうです。

報告するストーリーを整理する

ここまでの話を整理します。

- 宿題の問い
  「社員の運動習慣と体脂肪率の増加は関係がある？（ない？）」
- 答え
  「社員の運動習慣と体脂肪率の増加は関係がある」
- 原因・対策の「考察」

これらを、一緒に作成したピボットテーブルや散布図を交えながら、ひとつの資料にまとめると、報告が完成します。

報告の完成形は、次のページのようにできれば理想的です。

このために必要な段取りをここから解説していきます。

1つひとつ
丁寧にやっていきましょう。

Point

- 報告は「答え」を出すだけでは不十分。原因・対策まで明示する
- 「問い」「答え」「考察」の3点セットで報告を完成形にする
- 表と図で根拠をわかりやすく示す

■ 報告の完成イメージ

社員の運動習慣と体脂肪率の増加の関係について

■前提

社員の平均体重と体脂肪率が前年から増加した要因を、運動習慣の観点から分析した。
分析結果ならびに原因と対策を報告する。

■分析結果

① 運動習慣の無い社員は、体脂肪率が高い傾向にある
② 運動習慣の無い社員は、残業時間が多い傾向にある。特に20代と30代に多い
③ 残業時間が多い社員は、体脂肪率が高い傾向にある

調査対象：全社員30名
アンケートにより収集　・身長・体重・体脂肪率・運動習慣の有無・運動の種類
勤怠管理システムより取得　・前月の残業時間
※調査データの詳細は別紙参照

1

❶

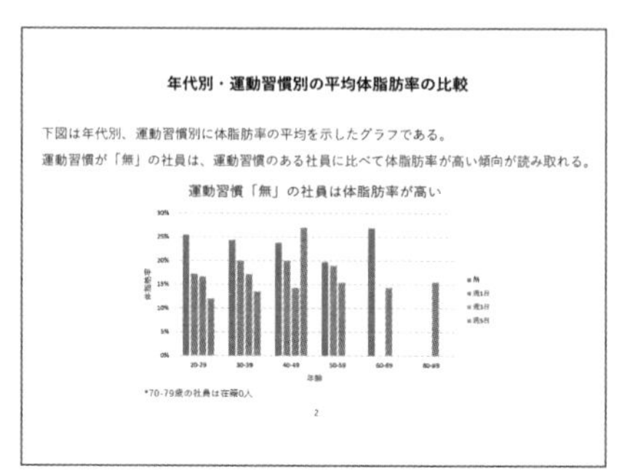

❷

年代別・運動習慣別の平均残業時間

下図は年代別、運動習慣別の平均残業時間を示した表である。
運動習慣が「無」の社員は、運動習慣のある社員に比べて、平均残業時間が多い。

運動習慣「無」の社員は平均残業時間が多い

平均残業時間	運動習慣の有無			
年齢	無	週1日	週3日	週5日
20-29	51.7	16.0	18.0	12.0
30-39	58.3	79.0	7.0	7.7
40-49	50.0	31.5	6.0	10.0
50-59	28.5	18.3	12.0	
60-69	44.0		11.0	
80-89			9.0	

3

❸

年代別・運動習慣別の人数

下図は年代別、運動習慣別の人数を示した表である。
運動習慣が「無」の社員は、20代と30代に多いことが分かる。

運動習慣「無」の社員は20代30代が多い

人数	運動習慣の有無				
年齢	無	週1日	週3日	週5日	総計
20-29	3	2	1	1	7
30-39	3	1	1	3	8
40-49	1	2	1	1	5
50-59	2	3	2		7
60-69	1		1		2
80-89			1		1
総計	**10**	**8**	**7**	**5**	**30**

4

平均残業時間と体脂肪率の間には正の相関がある

下図は平均残業時間と体脂肪率の相関関係を示す、散布図である。
相関係数0.501より、残業時間と体脂肪率の間には正の相関関係があると言える。

残業時間が多い社員は体脂肪率が高い

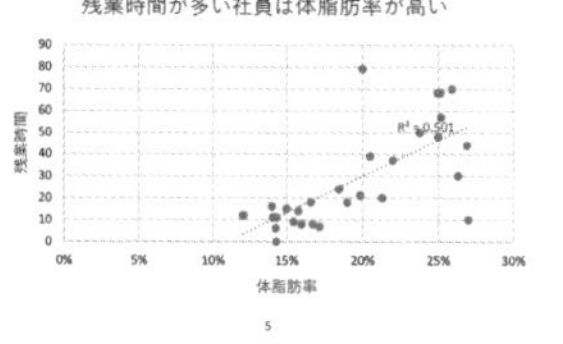

5

❺

原因と対策

① 体脂肪率が高い社員は運動習慣が無く、残業時間が多い傾向にある。残業時間が運動習慣を作れない阻害要因と考えられる
② 対策として、残業を減らす施策と、運動を奨励する制度の制定を提案する
③ 特に、残業時間の多い20代30代に対して重点的に取り組めば、大きな効果が期待できる

6

Chapter 5 5-2 一番見やすい表にする

報告の根拠を示すために、報告には必ず表を載せます。

報告書に載せる表は、データ分析で分かった傾向（報告する内容）を裏付けるだけなので、じっくり見られる資料ではありませんが、根拠を示す情報が不足していると説得性に欠けます。でも、情報量が多すぎる表は見づらくなり、好まれません。

つまり、**必要な情報だけを見やすい形に整えた表にする**必要があります。

表を見やすくするコツ

次の表は、第4章で作成した「年代別の体脂肪率の平均」のピボットテーブルです。このままだと、なんだか味気ないですね。まずはこの表を見やすい表に仕上げていきます。

	A	B	C	D	E
1					
2					
3	行ラベル	平均 / 体脂肪率			
4	20-29	19.9%			
5	30-39	18.8%			
6	40-49	21.0%			
7	50-59	18.2%			
8	60-69	20.6%			
9	80-89	15.5%			
10	総計	19.3%			
11					

第4章で作成したピボットテーブル

見やすさを整えるポイントは「足し算と引き算」です。

どういうことかというと、**足りていない情報を足し、余計な情報をなくすことで、資料としての情報を整理する**わけです。

たとえば、上記の表の場合、次のような情報の過不足があります。

（足りない情報）

- 左の欄が何の数字を表しているか（「年齢」だと伝えたい）
- 線が何もないエリアがある（「横線」を足したい）
- 各年代の人数がわからない（「人数」を追加）
- 余白（全体が詰まっていて、見づらい）

（余計な情報）

- データの並びが、データの特性に沿っていない（データにノイズがある）

こうした情報を整えていきます。

①「見出し」に足りない情報を足す

最初に見出しを整えます。ピボットテーブルにカーソルを合わせると、上部に「デザインタブ」が表示されるので、このタブを使って整えていきます。

ここでは、「年齢」の見出しを追加します。

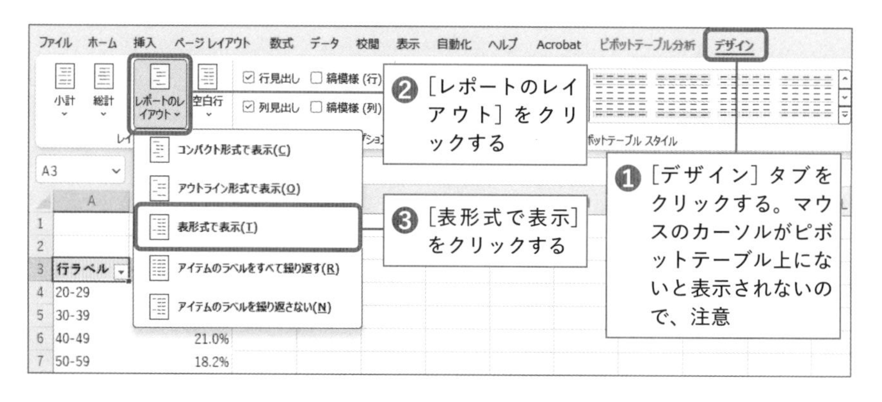

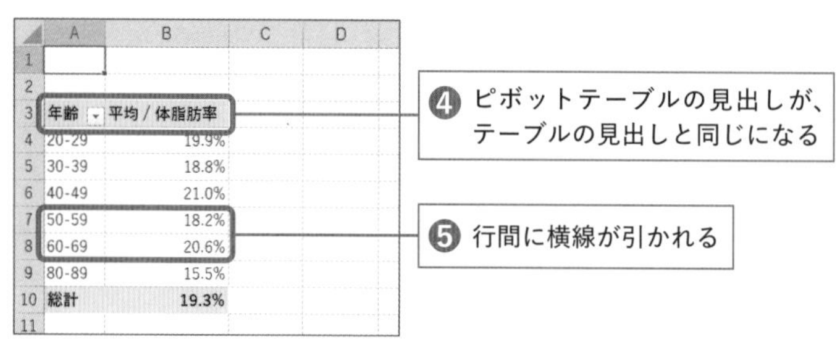

②「足りない項目」を追加する

平均を出す場合、何人を対象にした平均なのか、母数を示すことで平均の信ぴょう性を示せます。10人いれば平均を出すのが妥当ですが、1人や2人しかいない中での平均は参考にはなりません。そこを明らかにします。

ピボットテーブルに各年代の人数を追加していきます。

ですが、参照しているテーブルの中に、年代別の人数のデータがありません。そこで、社員番号を使って、次の段取りで、「年代別の人数」を算出します。

社員番号は1人ひとりに個別に割り当てられた一意の番号なので、これを数えることで、各年代の人数を割り出そうというわけです。年代毎の人数の仕分けは、ピボットテーブルの左欄の年代に従って、Excelが自動でやってくれます。

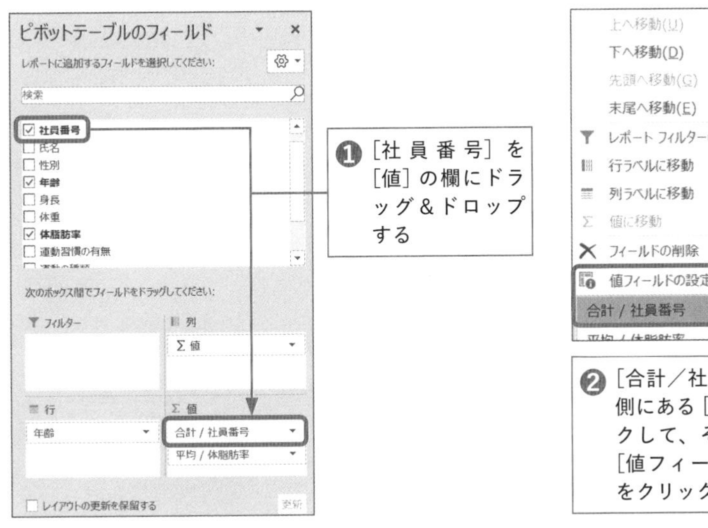

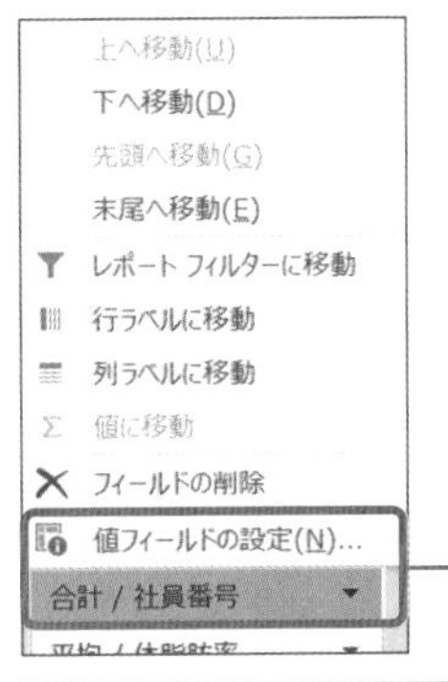

❷［合計／社員番号］の右側にある［▼］をクリックして、その中にある［値フィールドの設定］をクリックする

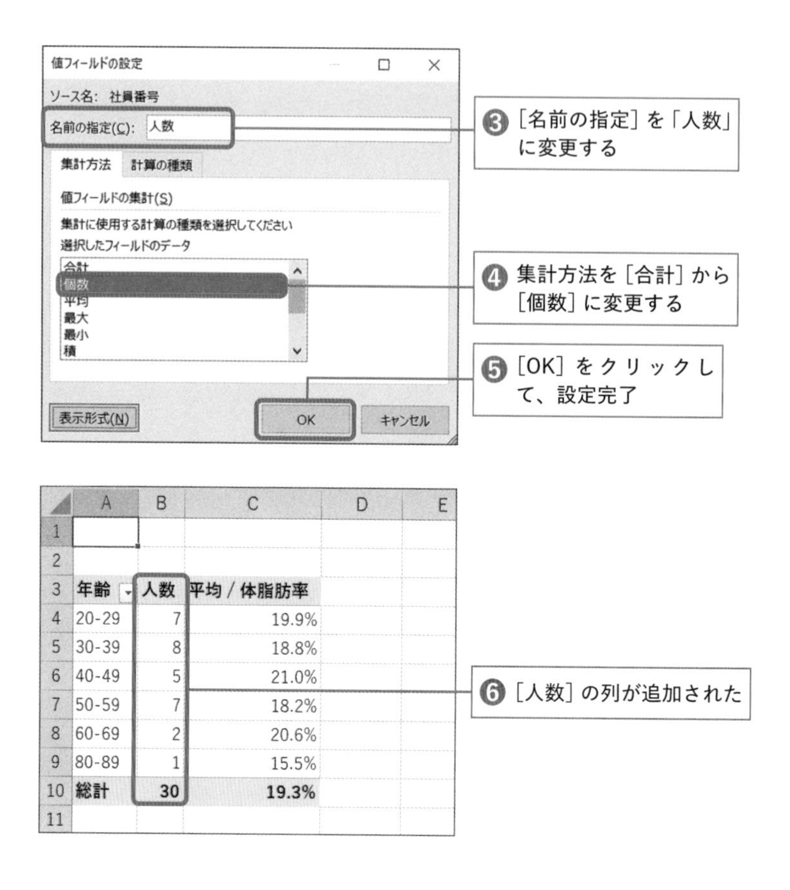

③「見やすい列幅」に余白を調整する

いまの表示だと列が詰まっていて、窮屈な見た目です。原因は、列幅にゆとりがないからです。列幅を広げて、余白をつくり、ゆとりを持たせます。

列幅を調整するときは、次の順番がおすすめです。

①列と列の間をダブルクリックして、列幅を自動調整
②それぞれの幅に3～4足したサイズにする

これで、見やすく仕上がります。
似たような列は同じ幅にすると、表に統一感が出て、よりセンスのいい仕上が

りになります。

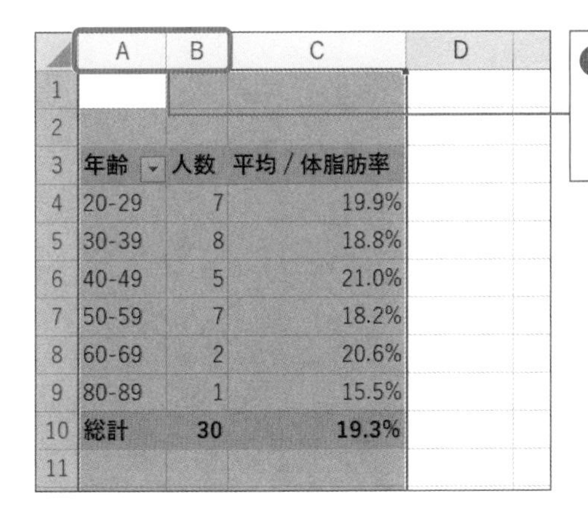

❶ ［A列］［B列］をマウスでドラッグして、A列とB列を選択する。［右クリック］でメニューを表示する

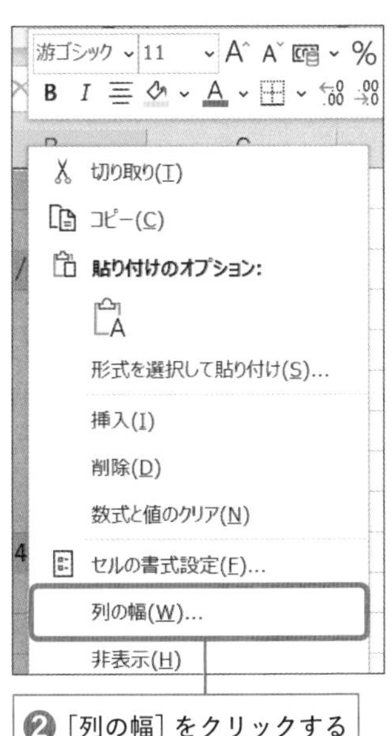

❷ ［列の幅］をクリックする

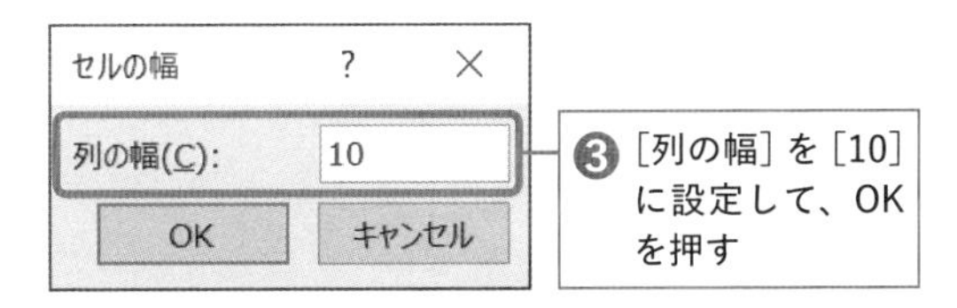

年齢	人数	平均 / 体脂肪率
20-29	7	19.9%
30-39	8	18.8%
40-49	5	21.0%
50-59	7	18.2%
60-69	2	20.6%
80-89	1	15.5%
総計	**30**	**19.3%**

❹ 列幅を大きくとることで、表にゆとりができた

ここで、追加の設定です。ピボットテーブルでは、表の項目が追加されたり、値が変化する度に、列幅が自動で修正される機能があります。せっかく広げた列幅がまた狭くなってしまわないように、列幅の自動更新をOFFにしましょう。

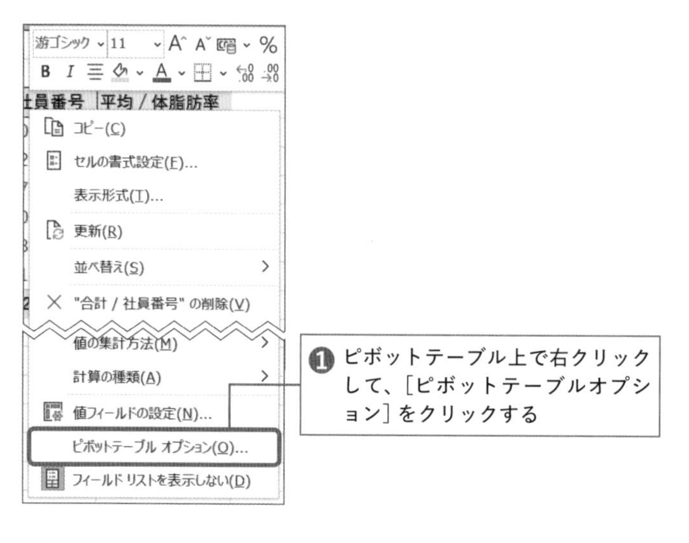

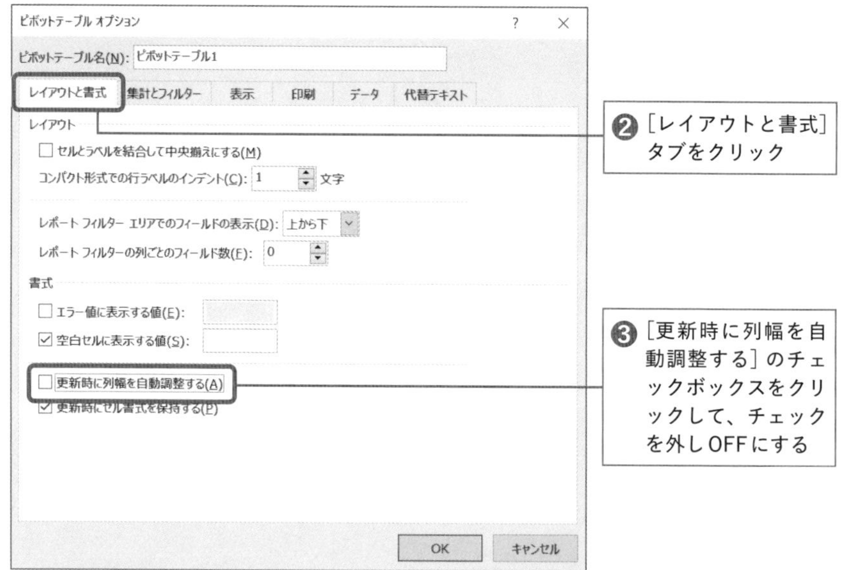

④「表の色」を変える

ピボットテーブルには表の色合いを変えられる[ピボットテーブル スタイル]という機能があります。資料全体の色味を統一することで、見やすい資料になります。表の色を整える方法を解説しておきます。

また、使われる色が決められている会社もあると思うので、この方法で色を変えてみてください。

作成する資料の目的や、ご自身が働く職場に合った色を選びましょう。

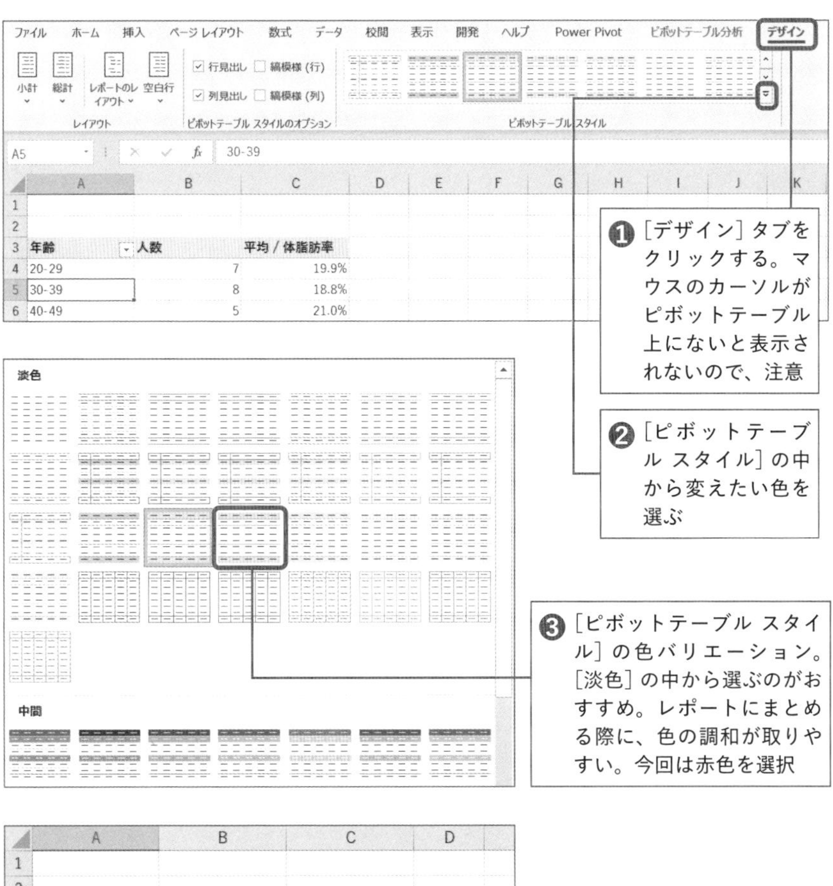

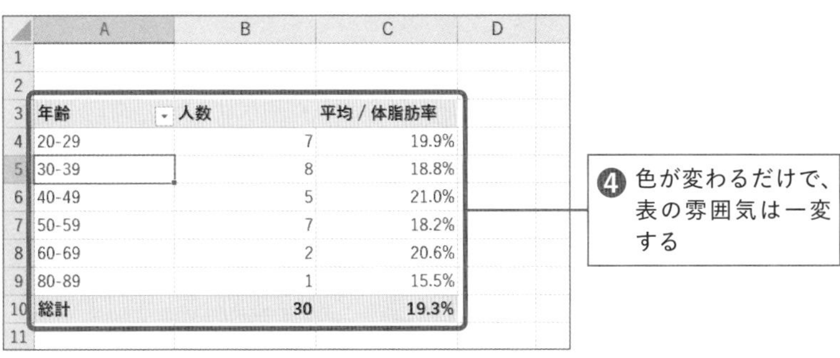

年齢	人数	平均 / 体脂肪率
20-29	7	19.9%
30-39	8	18.8%
40-49	5	21.0%
50-59	7	18.2%
60-69	2	20.6%
80-89	1	15.5%
総計	30	19.3%

第4章で作成したもう1つの表「年齢別・運動習慣別の体脂肪率平均」の見た目も整えておきましょう。先ほどの解説と同様に作業したものが、次の表です。

❶［列幅］を［15］に変更

❷［レポートのレイアウト］を［表形式で表示］に変更

❸［ピボットテーブル スタイル］を［淡色 赤色］に変更

	A	B	C	D	E	F	G
1							
2							
3	平均 / 体脂肪率	運動習慣の有無					
4	年齢	週1日	週3日	週5日	無	総計	
5	20-29	17.2%	16.6%	12.0%	25.5%	19.9%	
6	30-39	20.0%	17.2%	13.5%	24.4%	18.8%	
7	40-49	20.0%	14.3%	27.0%	23.8%	21.0%	
8	50-59	19.0%	15.4%		19.7%	18.2%	
9	60-69		14.3%		26.9%	20.6%	
10	80-89		15.5%			15.5%	
11	**総計**	**18.9%**	**15.5%**	**15.9%**	**24.0%**	**19.3%**	
12							
13							

⑤項目を「理解しやすい順」に並び替える

次に、項目の並び順を整えます。項目は人が理解しやすいように並べる必要があります。

「運動習慣」の並びでいうと、Excelのデフォルトである「あいうえお順」に並んでいます。そのため「無」が一番右側に配置されている点です。「週1日→週3日→週5日」と増えているのに、突然「無」になると、見る側からすると、「この無はなんだ？」と一瞬戸惑います。

そこで、「無」は一番左に移動し、左から順に増えるようにします。

Excelは目線が「左から右、上から下」へ流れるようにできています。どう並べたらよいか迷ったら、それを意識して整えるようにします。

❶ ［無］の列(E4:E11)を選択して右上にカーソルをあてると、マウスカーソルが「十字矢印」に変わる。その状態でクリックしたままドラッグすると選択箇所を移動できる。［週1日］の前にドラッグする

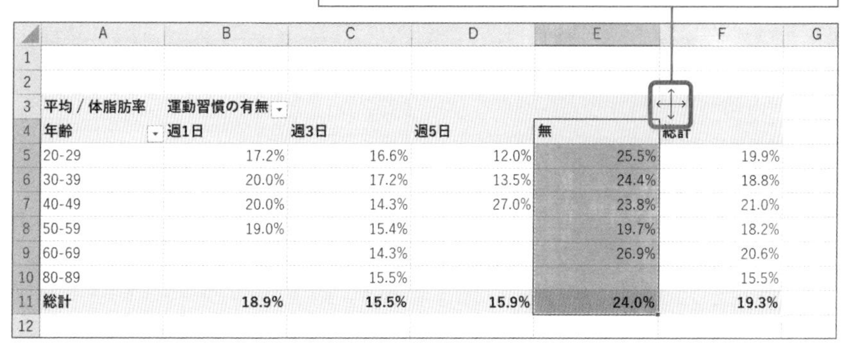

	A	B	C	D	E	F	G
1							
2							
3	平均 / 体脂肪率	運動習慣の有無					
4	年齢	週1日	週3日	週5日	無	総計	
5	20-29	17.2%	16.6%	12.0%	25.5%	19.9%	
6	30-39	20.0%	17.2%	13.5%	24.4%	18.8%	
7	40-49	20.0%	14.3%	27.0%	23.8%	21.0%	
8	50-59	19.0%	15.4%		19.7%	18.2%	
9	60-69		14.3%		26.9%	20.6%	
10	80-89		15.5%			15.5%	
11	総計	18.9%	15.5%	15.9%	24.0%	19.3%	
12							

	A	B	C	D	E	F	G
1							
2							
3	平均 / 体脂肪率	運動習慣の有無					
4	年齢	無	週1日	週3日	週5日	総計	
5	20-29	25.5%	17.2%	16.6%	12.0%	19.9%	
6	30-39	24.4%	20.0%	17.2%	13.5%	18.8%	
7	40-49	23.8%	20.0%	14.3%	27.0%	21.0%	
8	50-59	19.7%	19.0%	15.4%		18.2%	
9	60-69	26.9%		14.3%		20.6%	
10	80-89			15.5%		15.5%	
11	総計	24.0%	18.9%	15.5%	15.9%	19.3%	
12							

❷ ［無］を［週1日］の左隣に移動した

Point

- 表を見やすくするために、項目の追加、並び替え、幅調整をする

Chapter 5
5-3

世界一見やすいグラフの作り方

報告の根拠を示す資料として、表に加えてグラフも盛り込みます。

グラフの特徴は、**データの傾向をひと目で伝えられること**です。

表でもデータの傾向は読み取れますが、グラフに比べて少なからず読み込む必要があります。反面、グラフなら、データの傾向をひと目見て読み取ることができます。

「表で読み取りづらい傾向」をグラフ化する

「年齢別の運動習慣の有無と体脂肪率の集計」から、

- 運動習慣が「無」の社員の体脂肪率は平均24%と高い
- 運動習慣が1日以上ある社員は平均体脂肪率が20%未満と、運動習慣の有無で差は顕著と言えそう

ということが明らかになっていますが、表のままだと、この表を初めて見る人は傾向を把握するのに時間がかかります（1つひとつ数字を見比べる必要があるため）。こういうときは**一発で傾向を理解できるように「グラフ」にする**のが鉄則です。

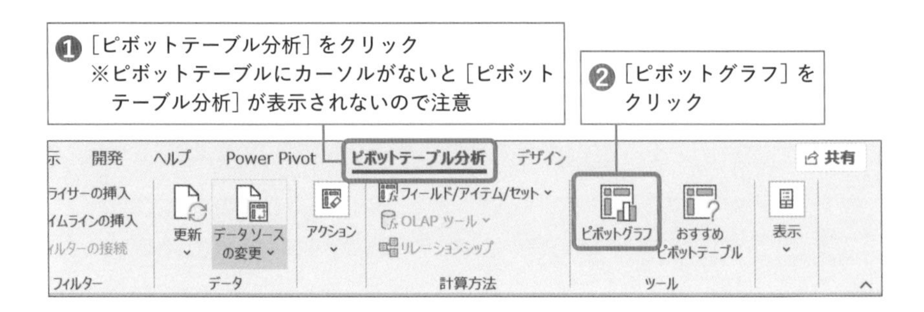

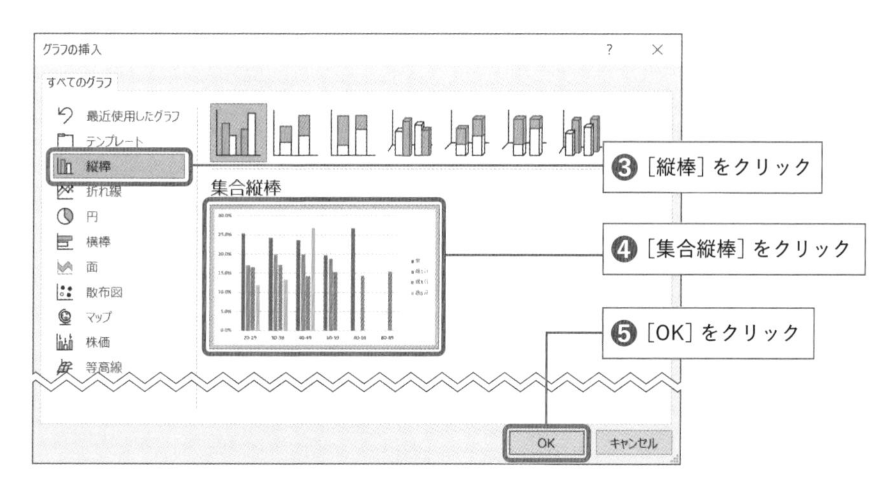

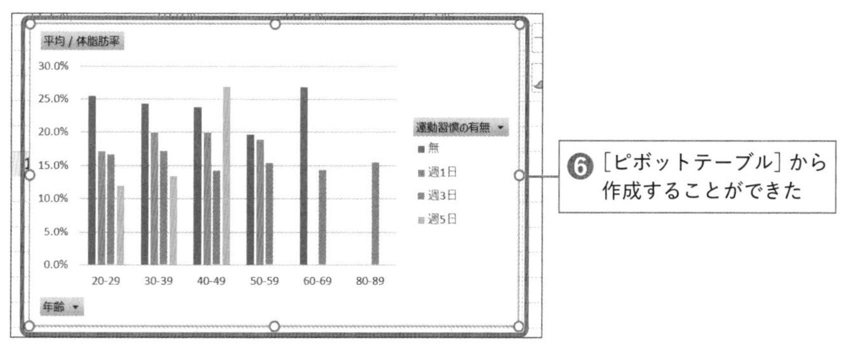

グラフが出来上がりました。

次はグラフの見た目を整えていきます。

グラフの見た目を整えるときも、基本的な考え方は表のときと同じで、「足し算と引き算」です。不要な情報を省き、必要な情報を足していきます。

①「縦軸」と「横軸」の説明を入れる

今のままだと、縦軸にも横軸にも数字が並んでいるだけで、何の数字かよく分かりません。そこで縦軸と横軸にラベルを付けて、誰が見てもひと目でそれぞれの数字が何を表しているかが分かるようにします。

［軸ラベル］で設定していきます。

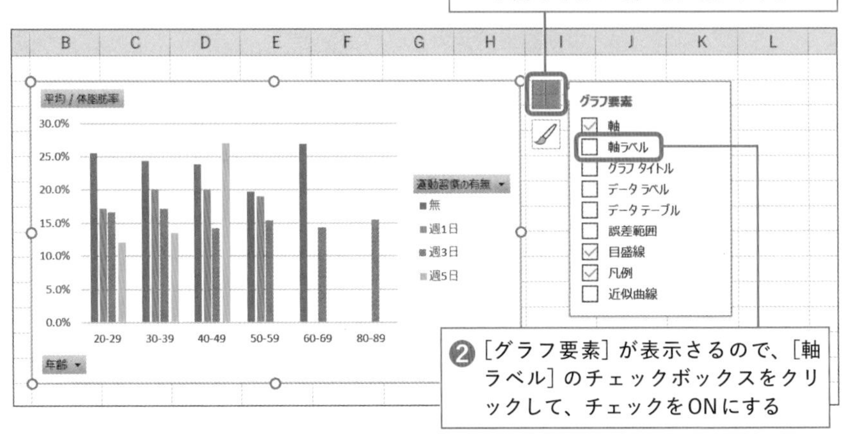

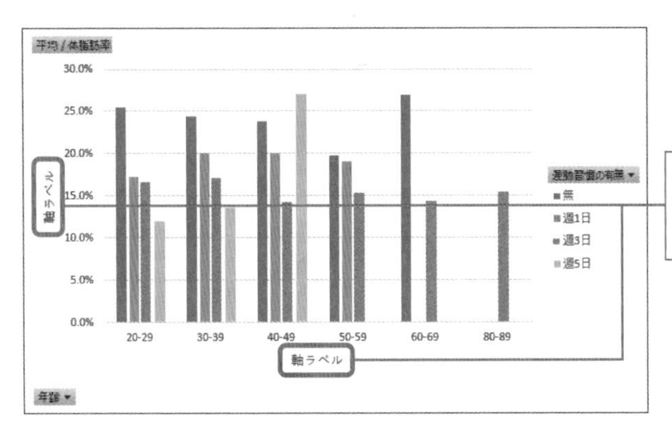

❸［軸ラベル］という入力欄が縦軸と横軸に追加される

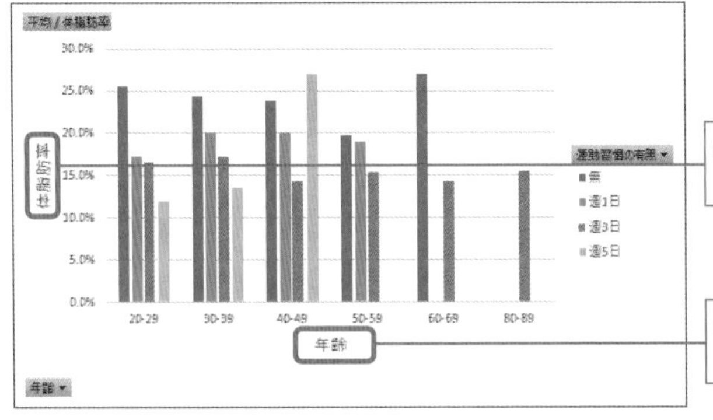

❹ 縦軸は「体脂肪率」に変更する

❺ 横軸は「年齢」に変更する

②ポイントを「目立たせる」

このグラフでは、運動習慣が「無」を際立たせたいです。体脂肪率と運動習慣との関係で、運動習慣がないことによるリスクを印象付けたいからです。

目立たせたいものが明確なときは、それ以外の色を変えることで、シンプルに目立たせることができます。

ここでは、運動習慣が「無」以外のグラフの色を変えていきます。

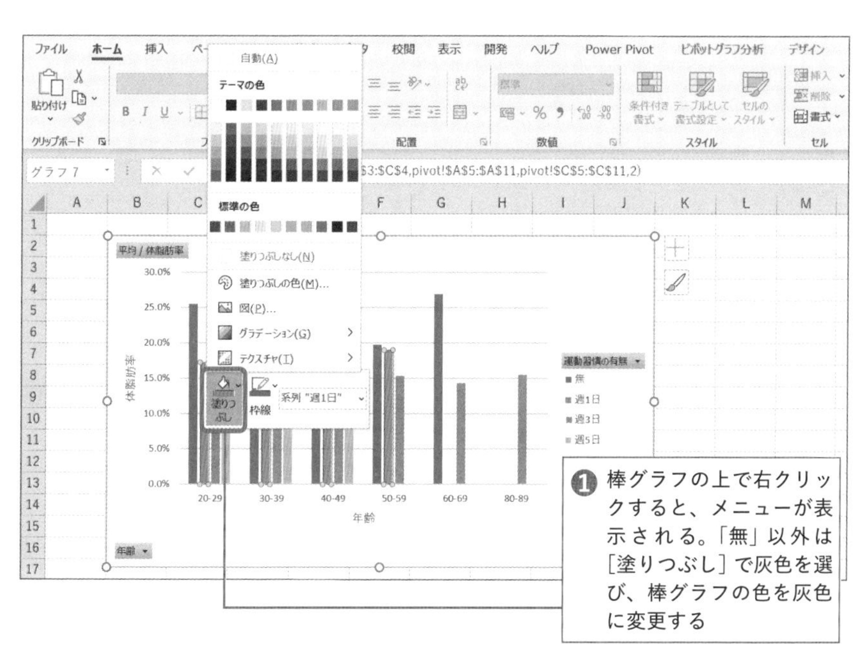

❶ 棒グラフの上で右クリックすると、メニューが表示される。「無」以外は［塗りつぶし］で灰色を選び、棒グラフの色を灰色に変更する

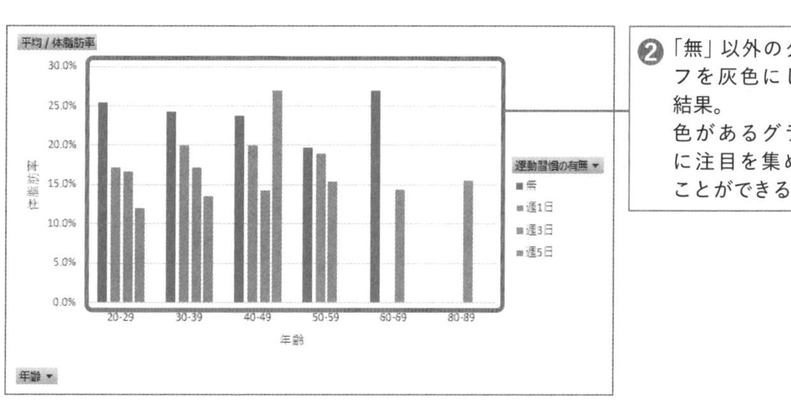

❷「無」以外のグラフを灰色にした結果。
色があるグラフに注目を集めることができる

③「タイトル」は一番伝えたいこと

最後にタイトルを付けます。このグラフを見た人に一番理解してほしいことをタイトルにします。私は、「要するに◯◯です」と説明するときの「○○」に入る言葉をそのままタイトルにしています。

ここでは、「残業時間が多い社員は体脂肪率が高い」と入れます。

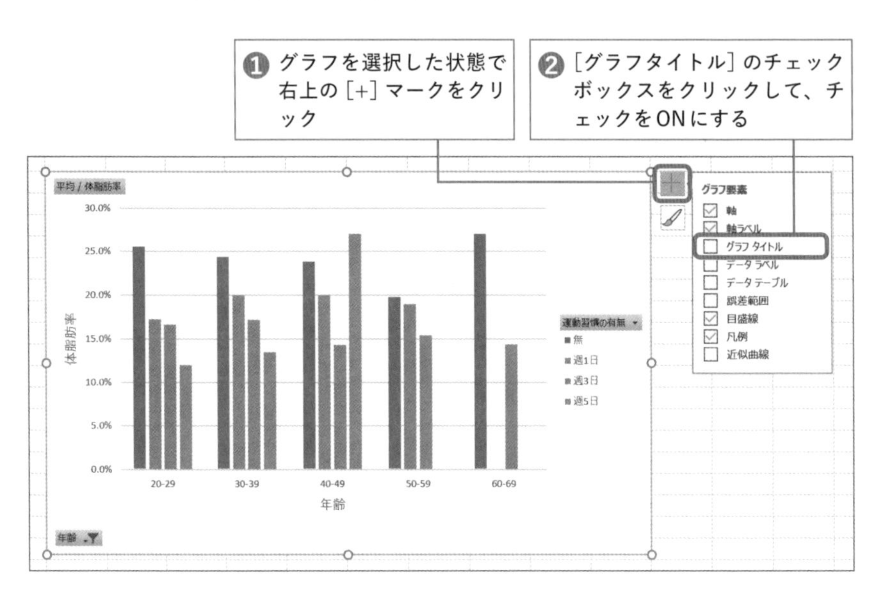

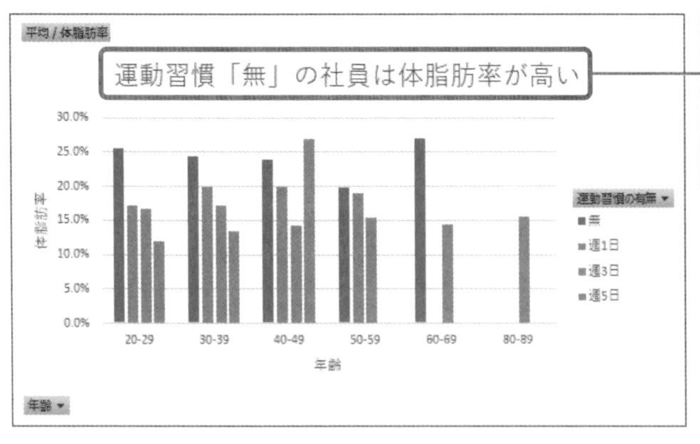

第4章で作成した散布図も、同様に仕上げます。

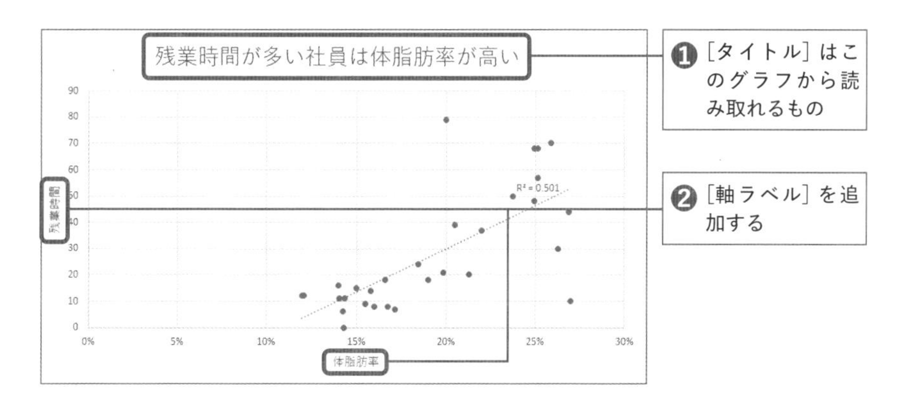

以上で、グラフの見た目を整える作業は完了です。

最初に比べて、随分とシンプルな表になったのではないでしょうか。

もちろん、さらに見た目をよくすることもできますし、凝れば凝るほどよい見た目にしていくこともできると思います。

でも私は、これぐらいの見た目に整えられたら十分だと思っています。

「適度」に見やすい表ができれば十分ですし、社内や社外でもこのレベルの表を作って提出すれば、文句や修正を要求されたことはありません。逆に、Excelのデフォルトのままを提出すると、色々言われることもあります……。

そうした経験から、この方法で作った表やグラフがベストだと考えています。

Point

- グラフは「伝えたいことがひと目でわかる」ように整える
- デザイン的にすぐれたものを追求するのはやめる

Chapter 5
5-4 狙い通りに印刷するための「印刷設定」

報告レポートはExcelで送る場合もありますが、たいていは紙ベースで報告する機会がまだまだ多いものです。また、データで送る際も、Excelデータとしてではなく、PDFデータ等で送ることも一般的になりつつあります。

ここでは、そうしたときの印刷設定を解説します。

例として、アンケート結果を参考資料として添えることにしました。

アンケート結果は縦にも横にも膨大なデータが格納されているので、そのまま印刷すると、中半端な位置で見切れてしまい、見づらい資料となります。

この大きな表形式を通して、印刷設定のコツを解説していきます。

Excelの印刷が面倒くさい理由

さて、WordやPowerPointで資料を作成するときは、印刷領域が1枚ごとにはっきりと決まったウインドウの中で、作成することができます。

一方、Excelは印刷サイズではなく、セルの集合体を1シートとして作業していきます。そのため、**1枚で印刷できる領域も明確に決まっていません**。だから、Excelの印刷は難しくて、面倒くさいと多くの人が嫌っています。

たとえば、Excelシートを何の設定もせずに印刷した結果、

①思わぬところで表が切れ、続きが次のページに印字される

②虫眼鏡がないと分からないくらい、小さい文字で印字される

といった、WordやPowerPointでは考えられない状態で印刷されて、やり直すはめに……という経験をした人は多いのではないでしょうか。

✕ 何も設定しない場合の拡大縮小を設定しない場合の印刷プレビュー。奥が1ページ目で手前が2ページ目。中途半端に分割され、見づらい。

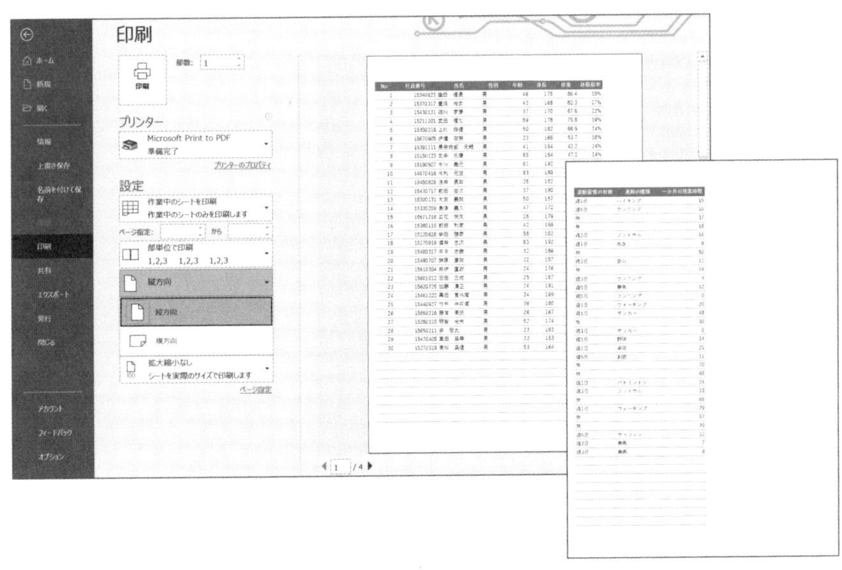

私は、こうした事態に陥らないために、Excelで印刷をする際は次のルールを設けています。

①印刷の向きとサイズを最初に決める
②ヘッダーとフッターを先に入れる
③行の見出しを固定する
④改ページプレビューで印刷範囲を調整する

これまで何度もミスをして、時間をムダにして、反省して生まれたのがこのルールです。**ルールを設けてから、印刷のやり直しは一度もありません。**イメージ通りの一覧表を印刷することができています。

では、私が実践している印刷ルールを解説していきます。

①「印刷の向きとサイズ」を最初に決める

印刷で注意するポイントは次の2つです。

①表の列を1枚に収める

②文字が、読める大きさにする

以上を踏まえて、今回の表の印刷では「印刷の向き：横方向」「拡大縮小：すべての列を1ページに印刷」と設定します。

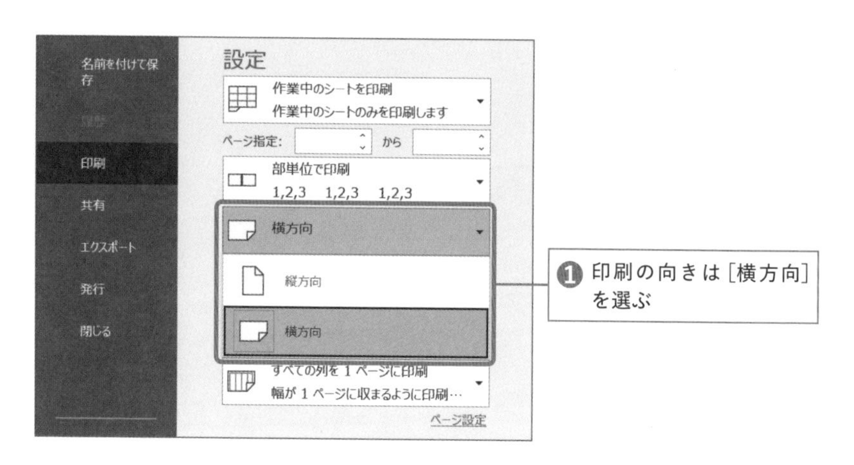

横方向を選んだのは、表が横長のため、縦方向だと列を1枚に収めるために、文字が小さくなってしまうからです。

■ **設定内容は、右側の［印刷プレビュー］で確認できる**

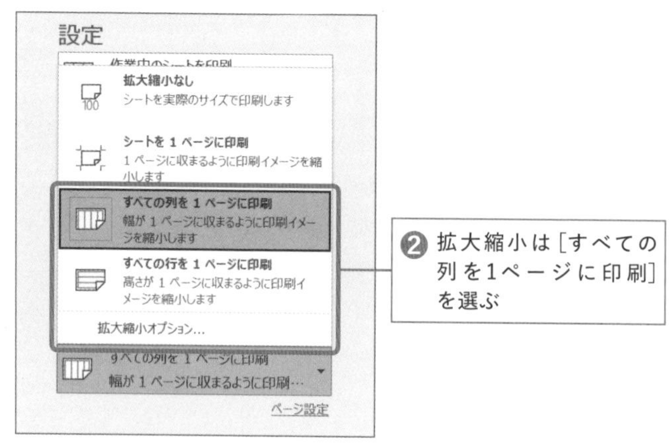

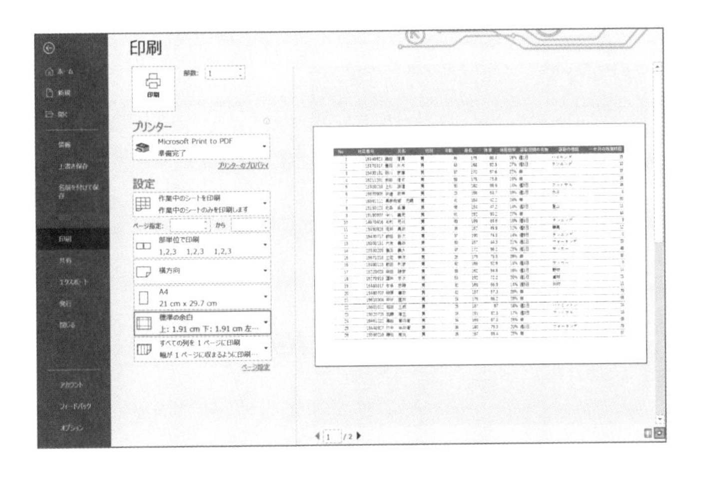

ちなみに、縦方向にした場合は、下記のようになります。

✖ 印刷方向は［縦方向］、拡大縮小は［すべての列を1ページに印刷］を設定した場合。横方向に比べて文字が小さい

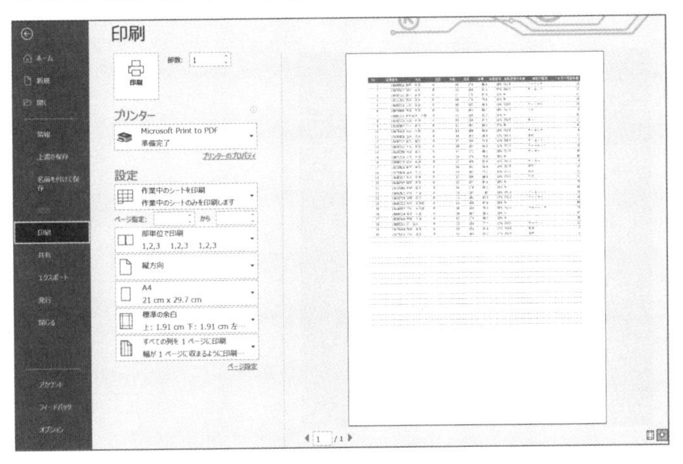

表が大きすぎると、1枚の幅に収めたとき文字が極端に小さくなる場合があります。

そういうときは、用紙サイズを大きくするのも手です。今回なら「A4」から「A3」に変更します。用紙に合わせ、文字のサイズも大きくなります。

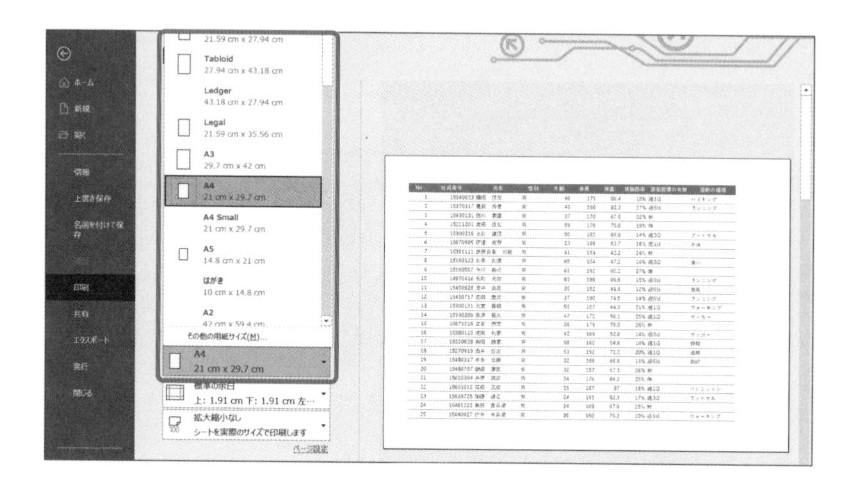

もし用紙のサイズアップができない場合は、印刷サイズはそのままで、余白の設定で改善します。

余白は、シートの印刷範囲の外側に設定されています。標準では約2センチ程度の余白があります。この余白を狭くすることでシートの印刷範囲を大きくし、当初より大きい文字サイズで印刷することができます。

余白を広げる手順は次の通りです。

■ プリセットで「標準」「広い」「狭い」の余白設定があり、「狭い」にすると、印刷範囲が広がる。「ユーザー設定の余白」から細かい調整も可能

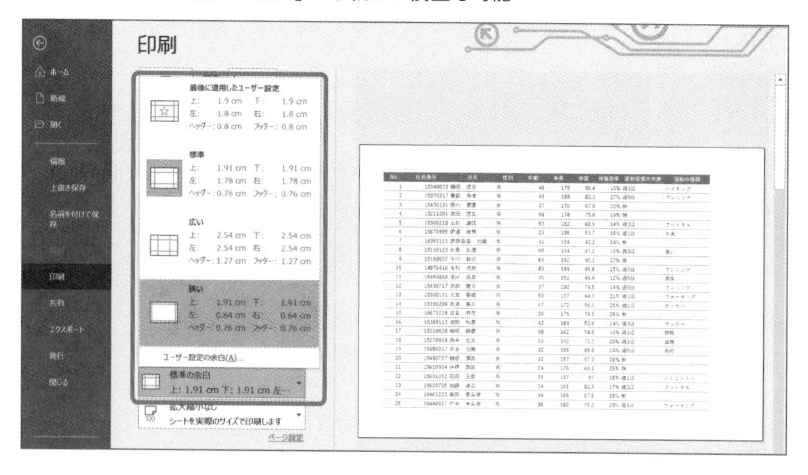

②「ヘッダーとフッター」を先に入れる

先ほどシートの印刷範囲の外側に余白があると説明しましたが、上下の余白はそれぞれ「ヘッダー」(上側) と「フッター」(下側) という名前で、ページ番号や印刷日時、印刷するファイル名などを付与できます。

私が若いころ職場には、Excelを印刷したあとにページ番号を手書きで記入し、それを人数分コピーしている人がいました。いま考えると、かなりムダな作業です。ページ番号の付与はExcelでできます。

あってもなくてもよい機能のように思えるかもしれませんが、**何の資料なのか、何の用紙なのかがひと目でわかる**ので、私は極力入れています。

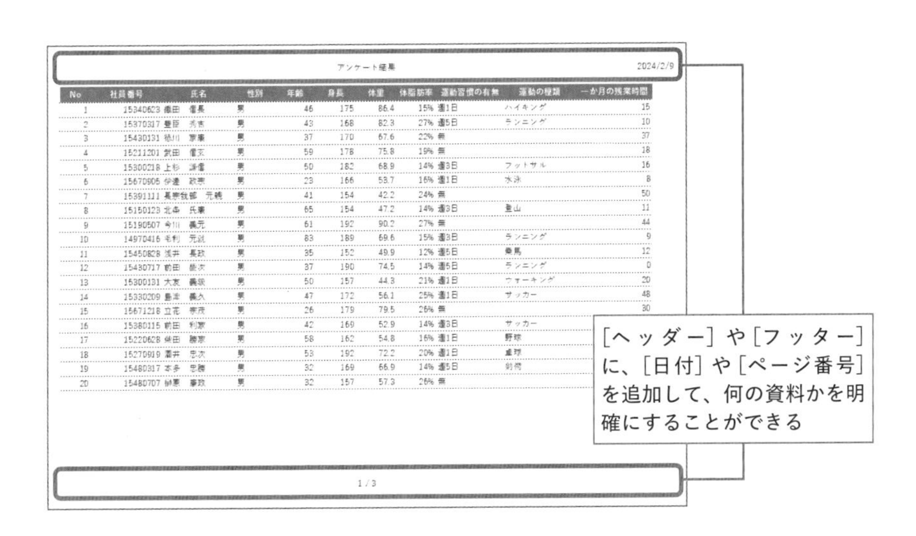

アンケート結果　2024/2/9

No	社員番号	氏名	性別	年齢	身長	体重	体脂肪率	運動習慣の有無	運動の種類	一か月の残業時間
1	15340623	織田　信長	男	46	175	86.4	15%	週1日	ハイキング	15
2	15370317	豊臣　秀吉	男	43	168	82.3	27%	週5日	ランニング	10
3	15430131	徳川　家康	男	37	170	67.6	22%	無		37
4	15211201	武田　信玄	男	59	178	75.8	19%	無		18
5	15300218	上杉　謙信	男	50	182	68.9	14%	週3日	フットサル	16
6	15670905	伊達　政宗	男	23	166	53.7	16%	週1日	水泳	8
7	15391111	長宗我部　元親	男	41	154	42.2	24%	無		50
8	15150123	北条　氏康	男	65	154	47.2	14%	週3日	登山	11
9	15190507	今川　義元	男	61	192	90.2	27%	無		44
10	14970416	毛利　元就	男	83	189	69.6	15%	週3日	ランニング	9
11	15450828	浅井　長政	男	35	152	49.9	12%	週5日	乗馬	12
12	15430717	前田　慶次	男	37	190	74.5	14%	週5日	ランニング	0
13	15300131	大友　義鎮	男	50	157	44.3	21%	週1日	ウォーキング	20
14	15330209	島津　義久	男	47	172	56.1	25%	週1日	サッカー	48
15	15671218	立花　宗茂	男	26	179	79.5	26%	無		30
16	15380115	前田　利家	男	42	169	52.9	14%	週3日	サッカー	
17	15220628	柴田　勝家	男	58	162	54.8	16%	週1日	野球	
18	15270919	酒井　忠次	男	53	192	72.2	20%	週1日	卓球	
19	15480317	本多　忠勝	男	32	169	66.9	14%	週5日	剣術	
20	15480707	榊原　康政	男	32	157	57.3	26%	無		

1 / 3

この後で解説する印刷範囲の設定後に［ヘッダー］や［フッター］を入れると、またゼロから印刷範囲の設定をし直す必要があるので、ここで先に設定しておきます。まずは、ヘッダーとフッターの設定画面を開きましょう。

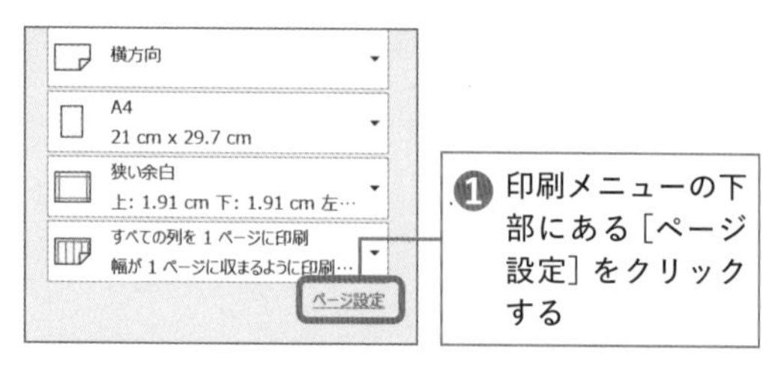

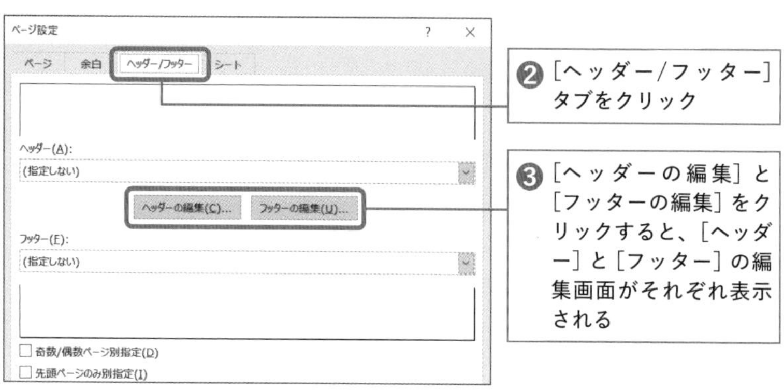

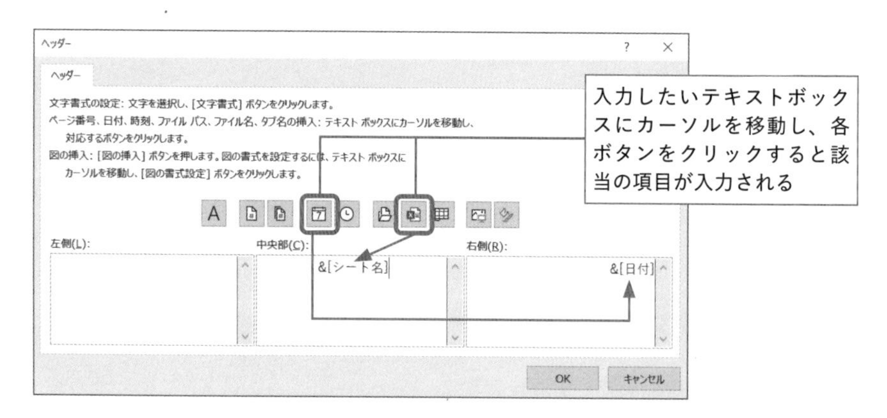

ヘッダーとフッターの編集画面を開いたら、ヘッダーの中央部に「シート名」、右側に「日付」を入れます。入れ方は次の通りです。

フッターには、中央部に「ページ番号」と「総ページ数」を入れます。それぞれの間に「/」(スラッシュ)も入力して入れておきます。「1／4」と全ページ中の何ページ目というのが明確になります。

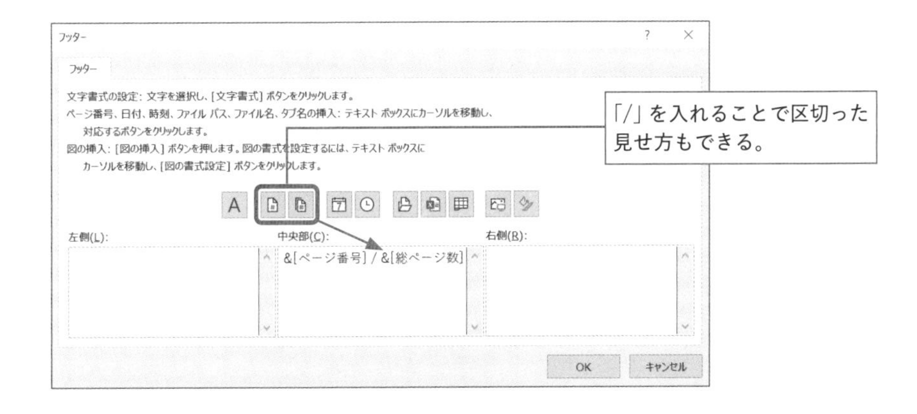

③行見出しを全ページに印刷する

表を印刷しようとすると、列はこれまでの設定で1ページに収まりますが、たいてい行は複数ページにまたがります。でもそれで構いません。

しかし、そのままだと1行目にある見出しは1ページ目しか印刷されず、**2ページ目以降は見出しがなくなってしまいます。**見出しがない一覧表は、項目と内容の紐づけができないので分かりづらいです。

✖ 2ページ目以降も見出しがないと、内容が分かりづらい

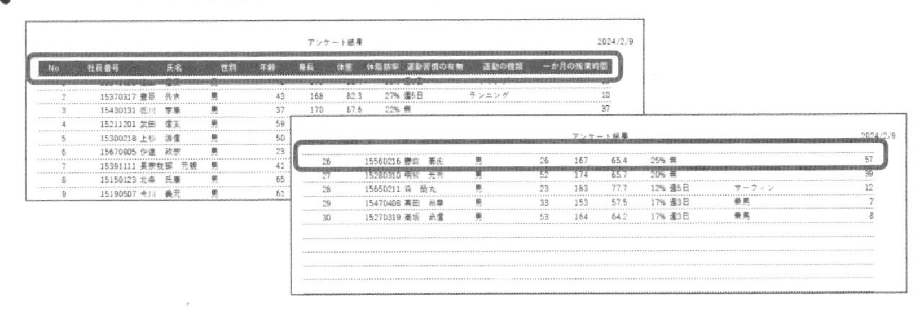

そこで、2ページ目以降も行見出しが印刷されるように設定していきます。

［タイトル行］という、そのものズバリで、行見出しを設定できる便利な機能があるので、それを使って設定します。

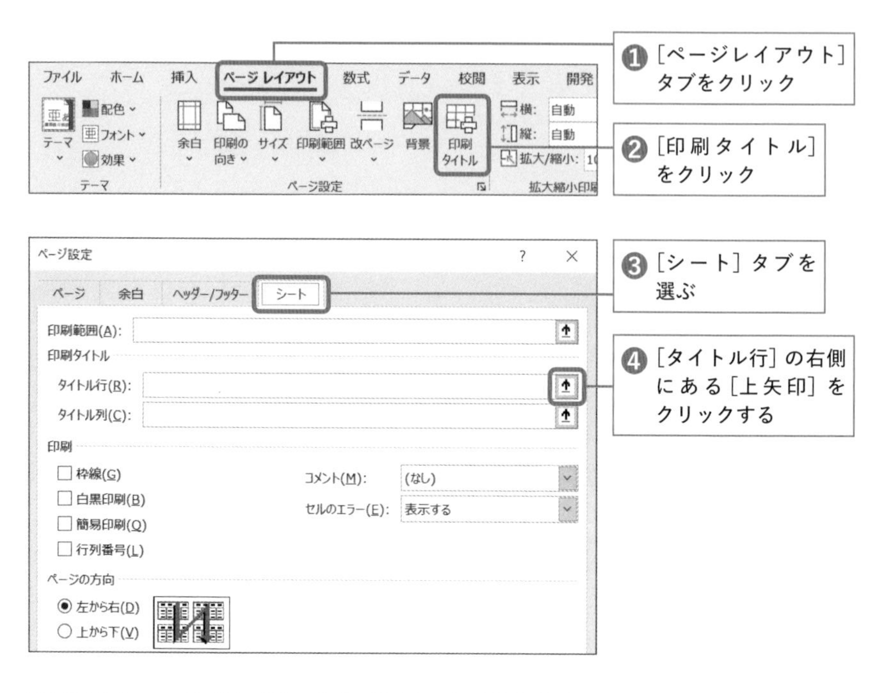

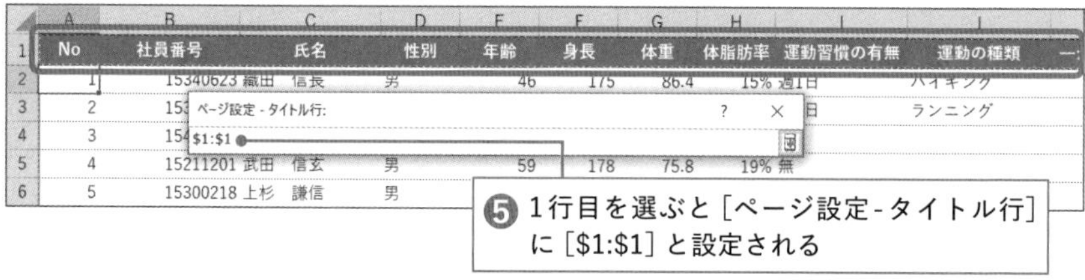

タイトル行が設定できたら、印刷プレビューで2ページ目以降にも行見出しが反映されているか確認して、作業完了です。

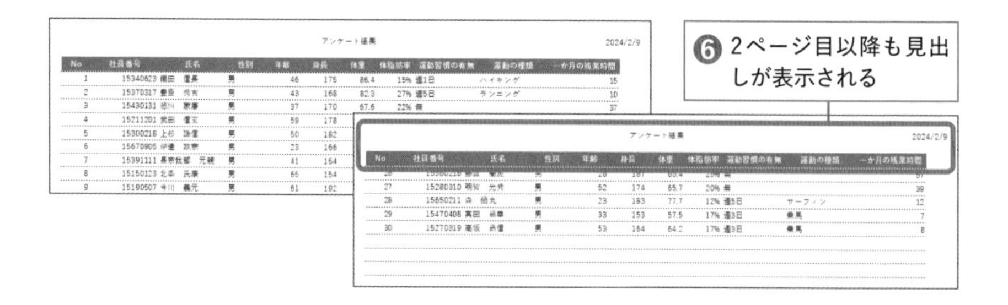

④［改ページプレビュー］でページの切れ目を調整する

ここまでの作業で、ざっくりとした印刷設定をすることができました。

でも、あともう少し微妙に「もう少しだけ文字を大きくしたい」「行の分かれ目を変えたい」など、**細かい調整をしたいとき**があると思います。

そういう調整をするときは、［改ページプレビュー］を使います。

［改ページプレビュー］を使うと、ページの切れ目がわかるので（青い線で表現される）、改ページ箇所を確認しながら調整できます。

［改ページプレビュー］は表示タブから操作できます。

［改ページプレビュー］は、ページの切れ目を自在に変えることができますが、印刷範囲を広げると文字が縮小されたり、他のページの印刷範囲が変わる場合があります。そのため、操作には2つのことを注意してください。

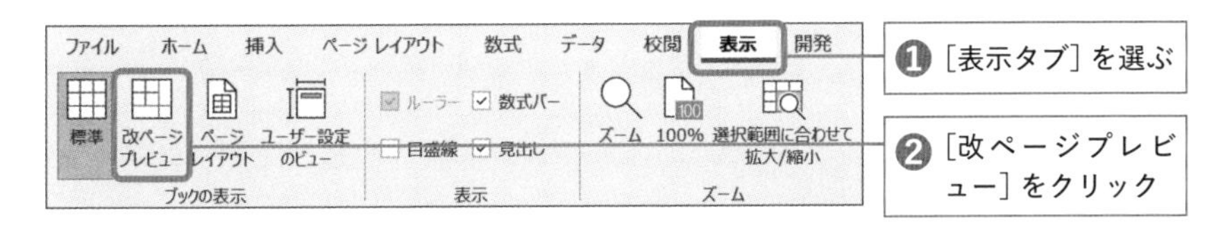

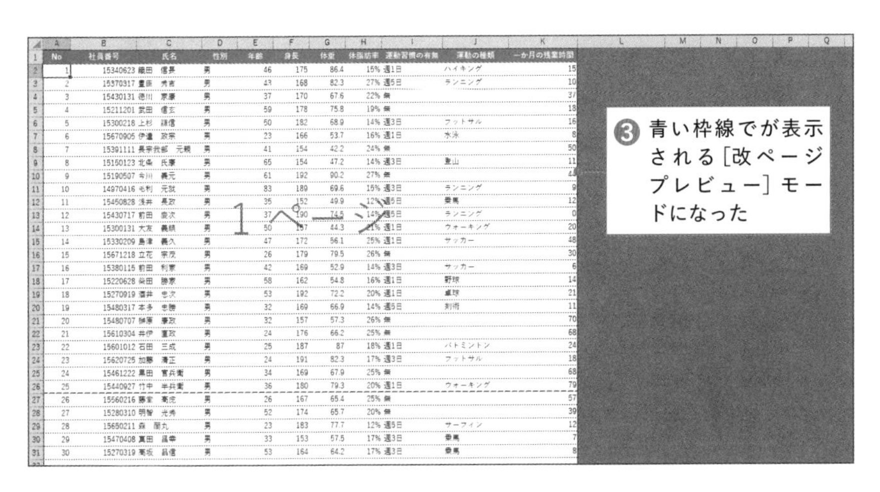

(1) 幅を広げない

印刷範囲の幅を広げると、印刷される文字が小さくなります。

印刷プレビューで表示されている印刷範囲は、「すべての列を1ページに印刷」

する幅に合わせて設定されたものです。そのため、**印刷範囲を広げれば広げるほど、文字は小さくなってしまう**のです。

文字が小さくなってもいいとき以外は、幅を広げません。

	A	B	C	D	E	F	G	H	I	J	K
1	No	社員番号	氏名	性別	年齢	身長	体重	体脂肪率	運動習慣の有無	運動の種類	一か月の残業時間
14	13	15300131	大友　義鎮	男	50	157	44.3	21%	週1日	ウォーキング	20
15	14	15330209	島津　義久	男	47	172	56.1	25%	週1日	サッカー	48
16	15	15671218	立花　宗茂	男	26	179	79.5	26%	無		30
17	16	15380115	前田　利家	男	42	169	52.9	14%	週3日	サッカー	6
18	17	15220628	柴田　勝家	男							14
19	18	15270919	酒井　忠次	男							21
20	19	15480317	本多　忠勝	男							11
21	20	15480707	榊原　康政	男							70
22	21	15610304	井伊　直政	男							68
23	22	15601012	石田　三成	男							24
24	23	15620725	加藤　清正	男							18
25	24	15461222	黒田　官兵衛	男							68
26	25	15440927	竹中　半兵衛	男							79
27	26	15560216	藤堂　高虎	男							57
28	27	15280310	明智　光秀	男	52	174	65.7	20%	無		39
29	28	15650211	森　蘭丸	男	23	183	77.7	12%	週5日	サーフィン	12
30	29	15470408	真田　昌幸	男	33	153	57.5	17%	週3日	乗馬	7
31	30	15270319	高坂　昌信	男	53	164	64.2	17%	週3日	乗馬	8
32											
33											
34											

(2) 改ページは上にだけ調整する

［改ページプレビュー］では、青い点線が表示されます。青い点線は「改ページの位置」を表しています。改ページの位置を変えたいときは、この青い点線を上下にドラッグすればいいのですが、その際は**必ず上に操作するように注意してください**。下にドラッグすると印刷範囲が増えることで、文字が小さくなってしまいます。

	A	B	C	D	E	F	G	H	I	J	K
1	No	社員番号	氏名	性別	年齢	身長	体重	体脂肪率	運動習慣の有無	運動の種類	一か月の残業時間
14	13	15300131	大友　義鎮	男	50	157	44.3	21%	週1日	ウォーキング	20
15	14	15330209	島津　義久	男	47	172	56.1	25%	週1日	サッカー	48
16	15	15671218	立花　宗茂	男	26	179	79.5	26%	無		
17	16	15380115	前田　利家	男	42	169	52.9	14%	週3日		
18	17	15220628	柴田　勝家	男	58	162	54.8	16%	週1日		
19	18	15270919	酒井　忠次	男	53	192	72.2	20%	週1日		
20	19	15480317	本多　忠勝	男	32	169	66.9	14%	週5日		
21	20	15480707	榊原　康政	男	32	157	57.3	26%	無		
22	21	15610304	井伊　直政	男	24	176	66.2	25%	無		68
23	22	15601012	石田　三成	男	25	187	87	18%	週1日	バトミントン	24
24	23	15620725	加藤　清正	男	24	191	82.3	17%	週3日	フットサル	18
25	24	15461222	黒田　官兵衛	男	34	169	67.9	25%	無		68
26	25	15440927	竹中　半兵衛	男	36	180	79.3	20%	週1日	ウォーキング	79
27	26	15560216	藤堂　高虎	男	26	167	65.4	25%	無		57
28	27	15280310	明智　光秀	男	52	174	65.7	20%	無		39
29	28	15650211	森　蘭丸	男	23	183	77.7	12%	週5日	サーフィン	12
30	29	15470408	真田　昌幸	男	33	153	57.5	17%	週3日	乗馬	7
31	30	15270319	高坂　昌信	男	53	164	64.2	17%	週3日	乗馬	8
32											
33											
34											

ところで、改ページ位置を上に移動すると、青い点線が実線に変わります。点線と実践の違いは、点線は「自動で設定された改ページ位置」、実線は「手動で追加または変更した改ページ位置」と「印刷範囲の端」を表しています。

	A	B	C	D	E	F	G	H	I	J	K
1	No	社員番号	氏名	性別	年齢	身長	体重	体脂肪率	運動習慣の有無	運動の種類	一か月の残業時間
14	13	15300131	大友　義鎮	男	50	157	44.3	21%	週1日	ウォーキング	20
15	14	15330209	島津　義久	男	47	172	56.1	25%	週1日	サッカー	48
16	15	15671218	立花　宗茂	男	26	179	79.5	26%	無		30
17	16	15380115	前田　利家	男	42	169	52.9	14%	週3日	サッカー	6
18	17	15220628	柴田　勝家	男	58	162	54.8	16%	週1日	野球	14
19	18	15270919	酒井　忠次	男	53	192	72.2	20%	週1日	卓球	21
20	19	15480317	本多　忠勝	男	32	169	66.9	14%	週5日	剣術	11
21	20	15480707	榊原　康政	男	32	157	57.3	26%	無		70
22	21	15610304	井伊　直政	男	24	176	66.2	25%	無		68
23	22	15601012	石田　三成	男	25	187	87	18%	週1日	バトミントン	24
24	23	15620725	加藤　清正	男	24	191	82.3	17%	週3日	フットサル	18
25	24	15461222	黒田　官兵衛	男	34	169	67.9	25%	無		68
26	25	15440927	竹中　半兵衛	男	36	180	79.3	20%	週1日	ウォーキング	79
27	26	15560216	藤堂　高虎	男	26	167	65.4	25%	無		57
28	27	15280310	明智　光秀	男	52	174	65.7	20%	無		
29	28	15650211	森　蘭丸	男	23	183	77.7	12%	週5日		
30	29	15470408	真田　昌幸	男	33	153	57.5	17%	週3日		
31	30	15270319	高坂　昌信	男	53	164	64.2	17%	週3日		

［改ページ］の位置を移動すると、点線が実線に変わる。
・点線＝Excelが調整した位置
・実線＝手動で変更した位置
となっている

改ページ箇所を増やしたいときは、改ページしたい箇所で右クリックしてメニューから［改ページの挿入］の操作ができます。

たとえば部門ごとにページを分ける場合、部門の切れ目に改ページを挿入すれば分けられます。

くれぐれも、**改ページ位置を調整するために空白行を挿入するような、その場しのぎの操作は止めてください**。後から行数が増えたときに空白行の調整をするなんていう恐ろしい無駄作業が発生してしまいます。

改ページという機能を適切に使い、無駄なく手戻りなく作業しましょう。

無駄な作業は今すぐやめましょう。

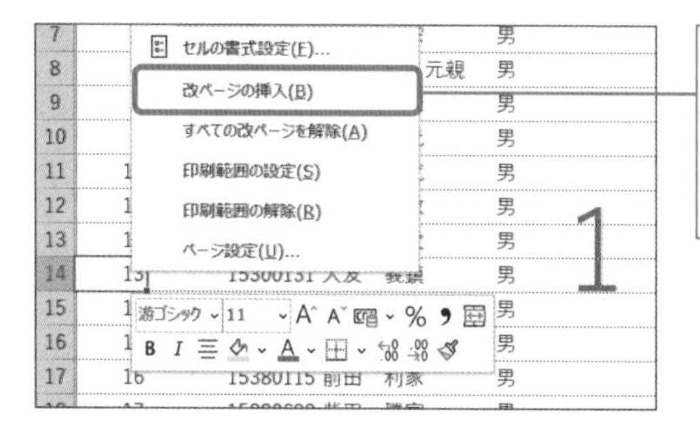

[改ページ]は好きな場所に追加ができる。改ページしたい位置のセルを[右クリック]して、メニューから[改ページの挿入]を選択すると、青い線が追加される

PDFで出力する方法

最近は、PDFファイルでの出力も一般的になりました。最後にPDFへの書き出し方法を解説します。Excelの「エクスポート機能」を使います。

■ 指定したフォルダにPDFファイルが作成される。

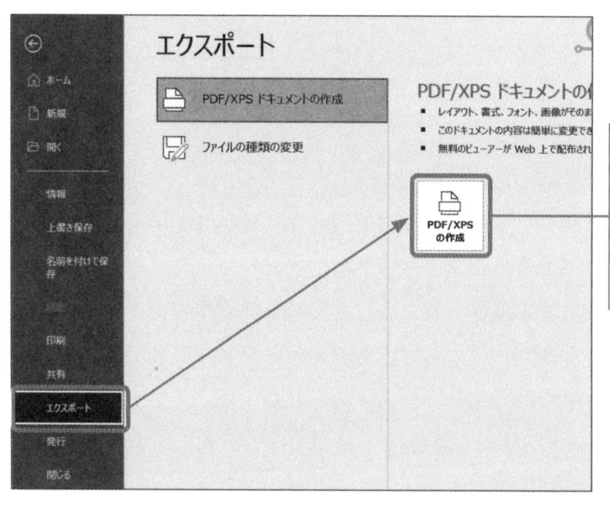

[エクスポート]内の[PDF/XPSの作成]を選ぶ。紙に出力する代わりにPDFファイルを指定したフォルダに保存できる

Point

- 1ページに列が収まるように、印刷範囲を調整する
- 行見出しを固定して、全ページに行見出しを表示する

Chapter 5
5-5 報告にまとめる

第5章の冒頭に紹介した「完成イメージ」(136ページ)で使用されている表やグラフが出揃いました。これらを使って、一緒に仕上げをしていきましょう。

料理の仕上げの工程と同じです。料理をお皿に盛り付けるように、メインディッシュを真ん中に、付け合わせを添えて、最後にソースをかけて完成させるように、資料の構成と見た目を整えていきます。

報告レポートに入れるべき4つのこと

はじめに、報告レポートに何を書くかを決めます。結論を先にお伝えすると、**「①タイトル、②前提、③結論、④考察」の4つ**です。「タイトル」で報告の全体感を示し、「前提」で宿題内容を再確認し、「結論」を示し、「考察(対策)」を提案する、という流れです。1つひとつ詳しく解説していきます。

■ 報告レポートで伝えるべき4つのこと

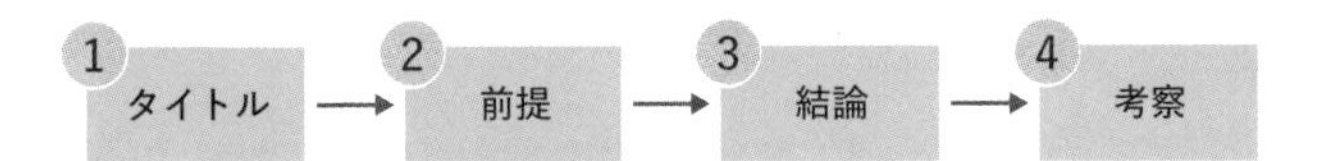

タイトルで「課題と結論」を連想させる

報告レポートのタイトルは「社員の運動習慣と体脂肪率の増加の関係について」としました。タイトルを決める際は2つのことを意識します。

①どんな宿題(リクエスト)を出したかを思い出させる
②タイトルから結論を連想させる

上司は色々な仕事を同時並行で進めています。そのため、宿題を出したこと、どんな宿題だったかは忘れている場合があります。そこで、タイトルで「あ、そういうリクエストをしていたな」と思い出してもらいます。

一方、上司は結論を真っ先に求めます。でも、結論だけを書くと、上司が宿題のことを忘れていると話がつながりません。**宿題のことを思い出してもらいつつ、着地（結論）を想像させる**。そこで、「2つの間には関係がある、またはない」という結論の匂わせ感のある「運動習慣と体脂肪率の増加の関係について」というタイトルにしています。

前提は「簡潔」に書く

前提は、上司により鮮明に宿題（リクエスト）を思い出してもらうために書きます。が、上司は結論を急ぐので140文字以内で短くまとめます。

結論は「ひと言結論と根拠」を図解する

そして、結論を書きます。

調査の経緯を説明する前に、結論を先に伝えます。報告レポートの結論は、

「社員の運動習慣と体脂肪率の増加は関係がある」

結論を示したあとに、結論に至った根拠を示します。一緒に作成したグラフやピボットテーブルを使いながら、結論に至った経緯を論理的に説明します。

考察の書き方

最後に、考察で締めます。改めて結論を示したのち、対策にも触れておきます。前提、結論、根拠まで理解した上司に対して、対策を示します。

Point

- 報告を「タイトル、前提、結論、考察」でまとめ、仕上げる
- 忙しい人でも、サクッと理解できる内容にする

第6章

「Excelの基礎」を理解する

「教えてもらった知識やワザしか使えない」
学んだことしかできないと悩んだことはないでしょうか。
そして、結局、また新しい知識を学ぼうとする……。
どんどん新しい技術を身につけ、応用していく方法があります。
「Excelの基礎」を理解して、Excelを本当の意味で使いこなそう!

introduction イントロダクション

「宿題が終わったー」

「今日の授業で最後だね」

「ここまで、お疲れさまでした。『集める→まとめる→仕上げる』の流れに沿って、どのタイミングでどんな機能を使うのが有効なのか、すべてお伝えすることができました」

「Excelの機能やショートカットを使う適切なタイミングがわかって、Excelへの苦手意識もなくなりました」

「ありがとうございます。最後にExcelの基礎について講義をして、この授業を終わりにします」

「最後にExcelの基礎を教えてくれるんですね」

「本来なら、基礎は最初に学びますよね。しかし、それよりも先に『集める→まとめる→仕上げる』の流れを体験してほしくて、Excelの基礎の授業を最後にしました」

「このタイミングで基礎を教えるのには、なにか狙いがあるのですか？」

「Excelには、今回紹介しきれなかった機能がほかにもたくさんあります」

「それがずっと気になっていました」

「今後みなさんは、今回学べなかった機能を駆使しながらExcelの技術を磨いていくわけです。いわば、未知の技術をひとりで使えるようにならないといけないわけです」

「確かに。いつも先生が隣にいるとはかぎらないですもんね」

「その通りです。そのときに、これから解説するExcelの基礎を知っていれば、最適な使い方を自分で判断できるようになるのです」

「なんだかすごく知りたくなってきた！」

「ここまで勉強してきたみなさんなら、大丈夫です。心配しないでついてきてください。それでは、最後の授業をはじめます」

Chapter 6 この章で学べること

これまでの講義お疲れさまでした。

これまで行ってきたことは、すべてのExcel作業の基本です。この作業を基本に、Excelに用意されたたくさんの機能、関数、VBAといったプログラミング機能を使いこなすことで、より洗練されたExcelの使い方が可能になります。

でも、よく、「この間、関数の使い方を教えてもらったけど、忘れちゃったからまた教えてくれない？」「使ったことのある機能しか使えない」「ここでもその操作が使えるなら、もっと早く知りたかった」と嘆く人がいます。

なぜこうしたことが起こるのでしょうか。それは、Excelがどういう仕組みで、なぜそう動くかをきちんと理解していないからだと、私は考えています。

そこで、ここでは、**Excelの仕組みを解説したのち、なぜそのように動くのか**を解説していきます。

Excelの動きを理解するために必要なのが、この章で紹介する「セルの基本構造」「数式」の知識です。

Excelを深く使いこなせている人は、この2つをきちんと理解しています。たとえば「住所から都道府県だけを抜き出したい」ときに、ネットでサクッと調べて関数でラクに実行できますが、すべてそのおかげです。機能や関数をたくさん知っているよりも、この2つの知識を持っていることが大切なのです。

「セルの基本構造」「数式」をマスターすれば、Excelのすべての機能、関数が使いこなせるはずです。では、最後の講義をはじめましょう。

Chapter 6 6-1 「セルの基本構造、数式」を覚えるとどうなるのか？

セルの基本構造、数式が分かれば、Excelのすべての機能が使えるようになる。この考えは私の原体験にさかのぼります。

「関数」すら分からなかった若手時代

社会人になりExcelを使いはじめた頃、Excelに画像を貼り付けることすら知らないレベルです。当時は今ほど専門書もなかったので、**見よう見まねで操作方法を覚えていきましたが、何より関数を理解するのに苦労した記憶があります。**

先輩が作成するExcelは、関数が多く使われていました。いたるところに関数が平然と使われていて、ひと目見ただけでは仕組みは分かりません。

私はその先輩が作ったExcelを定期的に作り直す役目だったのですが、先輩はいつもピリピリしていて、気軽に質問できる雰囲気ではありませんでした。

とにかく、目の前に立ちはだかる関数を理解しようと、がむしゃらに取り組んでいた時代でした。

関数を通じて見えてきたExcelの法則

でもある日、「ある法則」に気がつきます。関数の使い方がまったく分からず途方に暮れていたときでした。

「セルの基本構造」と「セルの参照」の2つの上に、すべての関数が成り立っていることに気づいたのです。それ以来、あれほど意味がわからなかった関数の意味が、スラスラと理解できるようになりました。

それだけではなく、自分で新しく関数を使うときも、使う前にどのような動きをするのか、イメージできるようになり、Excelを以前より深く使いこなせるようになりました。

すべてが1つにつながっている感覚に見舞われて、視界が一気に晴れたのをいまでも鮮明に覚えています。

法則は、ほとんどの機能にも共通だった

関数で見つけた法則は、Excelのほとんどの機能にも通じていました。

たとえば「ピボットテーブル」を使っているとき、参照先のセルは「1%」と表示されているのに、ピボットテーブルでは「0.01」で表示されることがあります。これは、「セルの基本構造」の表示形式が原因です。

身近な所では印刷設定も、ExcelはWordやPowerPointに比べると分かりづらいですが、**ページではなく「セル」を基準にしている**からです。セルがどう印刷されるかを基準に考えれば、印刷設定ですべきことも自ずと分かってくるのです。

「セルの基本構造とセルの参照」がすべての見本

「セルの基本構造」と「セルの参照」、この2つがExcelを理解するための唯一の基本だといっても過言ではありません。

Excelの中には、知らない機能がたくさんあると思います。そして、新しい関数や機能が毎年、次々に実装されています。

こうした機能を使うには、ネット検索やポータルサイトで調べて使うことが現実的になりますが、そこで書かれている説明を理解し、実際に使う際にも、この2つを理解していないと難しいでしょう。

検索をするときも、やみくもに探すのではなく当たりをつけて検索できるようになります。

次節から「セルの基本構造」と「セルの参照」を解説していきます。「セルの参照」は、前提となる数式を通じて解説を進めます。最後に、2つの特性と関連が深い、関数の特徴を深掘りします。

Point

- Excelは、「セルの基本構造」と「セルの参照」で理解できる
- Excelの法則がわかれば、ネット検索でどんな機能も使える

Chapter 6 6-2 セルは「4階層」でできている

Excelはセルの集まりでできています。Excelに搭載された機能の多くは、セルを操作するためにあると言っても過言ではありません。それなのに、セルへの入力を「何となく」行っている人が非常に多くいます。

セルは「単なるデータの入力場所」ではない

セルはデータを入力するためのただの箱、ではありません。そのセルがどこにあるのかを示す「番地」があったり、データをどのように表示させるのかを決める「表示形式」があったり、文字や背景色を装飾したりと、データを入力する以外の役割も果たしています。

セルの構造が理解できると、

- [条件付き書式] は入力されたデータに応じて装飾を変えているんだな
- [入力規則] は入力されたデータからデータの型を分類して、入力値の種類を判別しているんだな

と、Excel機能を理解し、正しく使うことができるようになります。

Excelを使ったことがある人なら、「セル」という言葉はお馴染みだと思います。文字や数字を入力する、横長のあの四角い箱です。

でも、セルのことを「文字を入力する横長の四角い箱」とだけ思っていないでしょうか？　この理解の人は、実は非常に多いです。

セルはただ文字を入力する箱ではありません。ひと言でいうと、セルは「Excelの最小構成要素」です。

どういうことか、もっと深掘りしてみましょう。これをきちんと理解できると、Excel操作中のエラーや意図しない動作が劇的に減少します。

セルの4つの階層

実はセルは「4つの階層」から成り立っています。

「①番地、②データ、③表示形式、④装飾」の4階層です。

■ セルは4階層

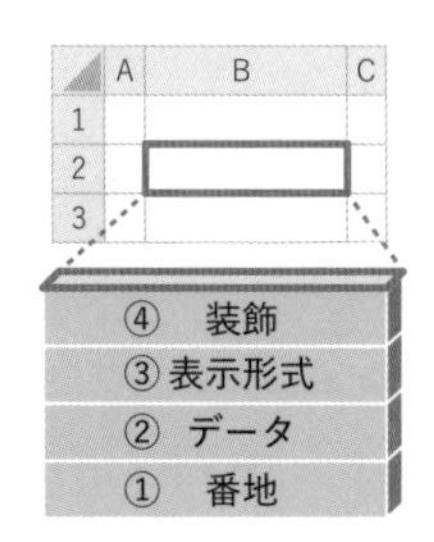

まずは、それぞれを簡単に解説していきます。

①番地

Excelには**行**（1行、2行、3行……）と**列**（A列、B列、C列……）があることはご存じだと思います。この行と列を使って、セルを指定するときに**A1**や**B2**と使いますが、これが番地です。番地はセルの場所が格納された階層です。

②データ

番地の上にくるのが、データですが、これは「セルに入力した値」が格納されている階層です。Excelには「①文字、②数字、③日付・時刻」の3つのデータがあり、「データの種類」「データ型」と呼んだりします。

■ Excelのデータの種類（データ型）

文字	数字	日付・時刻
Excel	111	2024年1月1日

③表示形式

表示形式は、データの表示の仕方を決める階層です。「0.12345」を「0.12」と丸めて表示したり、「0.01」を「1%」とパーセントで表示したりしますが、どの方法で表示するかを、ここで決めます。

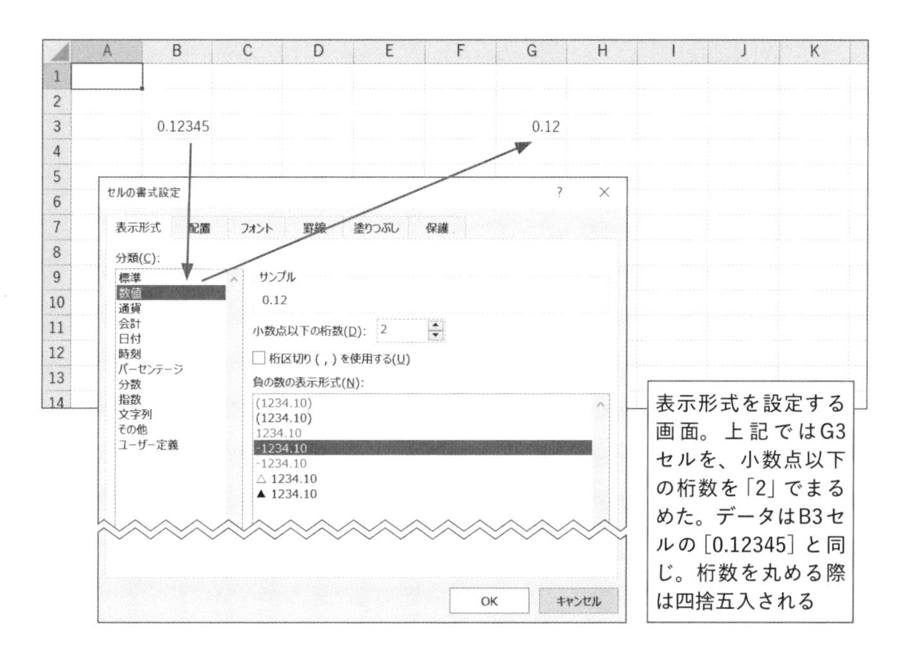

表示形式を設定する画面。上記ではG3セルを、小数点以下の桁数を「2」でまるめた。データはB3セルの［0.12345］と同じ。桁数を丸める際は四捨五入される

■ 表示形式を「パーセンテージ」で設定した例。
B3セルもG3セルもデータは「0.01」だが、G3セルは「1%」と表示される

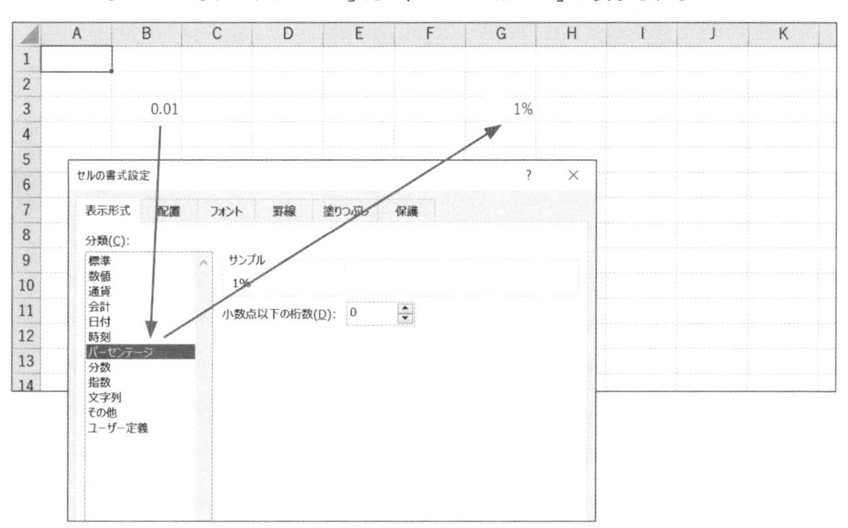

④装飾

最後の装飾は、セルの見た目を決める階層です。文字を太くしたり、色を変えたり、セルの背景色を変えたり、罫線を引いたり。「表示形式」はデータの表示方法を決めますが、装飾はセルの見せ方を決めます。

■ 装飾でセルの見た目を決めている

	A	B	C	D	E	F	G
1							
2							
3		Excel			**Excel**		
4							
5							

このように、1つひとつのセルは4つの階層で成り立っていて、そのセルの集合体がExcelです。このうち特に、③表示形式と④装飾を使って、②データの見せ方を自由に表現できることが、Excelならではの特徴です。

人にたとえると、次のようなイメージです。

①番地	住所（東京都 or 埼玉県）
②データ	住人（山田太郎）
③表示形式	言葉（日本語 or 英語）
④装飾	ファッション（私服 or 制服）

「データの型」でデータが分類される

セルに入力された値は、**「①文字、②数字、③日付・時刻」の3つに分類**されてExcel上で処理されます。

文字は「こんにちは」や「Excel」など、いわゆる文字です。Excelでは、文字が入力されると、自動で左寄せになります。

数字は「111」や「0.11」など、数字ですね。

ここで質問です。「01」は文字でしょうか？　数字でしょうか？

正解は文字です。なぜか、理由を考えてみます。

たとえば、こんな経験はないでしょうか？

「Excelで携帯番号を『09012345678』と入力したら、『9012345678』と、先頭の0が勝手に取り除かれた。何度0を入れ直しても、消えてしまう」

これはExcelが「09012345678は数字だ」と認識して、先頭の0を取り除いてしまうから起こる現象です。このように、Excel上では**「数字」は先頭に「0」がつかないようにできている**のです。

これは、数字の場合、先頭に「0」がつかないのは、計算上特に影響がないので、「そんなものはややこしいだけなので取っ払おう」というふうに理解してください。ここは数式や関数を操作するうえでとても大事なことなので、絶対に覚えてください。

ちなみに、今回の携帯電話番号のようにExcelに数字を文字と認識させたいとき、手っ取り早い方法は先頭に「'」（アポストロフィー）を入れることです。「'09012345678」と入力すれば、Excelは文字と認識して「09012345678」と表示してくれます。

日付は「1月1日」や「1/1」。時刻は「18:00」など。いわゆる日付や時刻です。

Excelでは、**日付や時刻は「シリアル値」という数字で管理**されています。シリアル値とは1900年1月1日を始点「1」として、1日毎に1ずつ増える仕組みになっています。1900年1月2日なら、「2」です。

一方、時刻は小数で管理されています。00:00を「0」として始まり、翌日の00:00で「1」になるように増えていきます。12時なら「0.5」です。シリアル値で管理されていることで、日付の足し算や引き算が容易にでき、世界各国の事情に合わせた西暦、和暦などの表示が可能になっています。

Excelは日付や時刻を［シリアル値］で管理している。
シリアル値は1900年1月1日を始まりに、1日経つと1増える

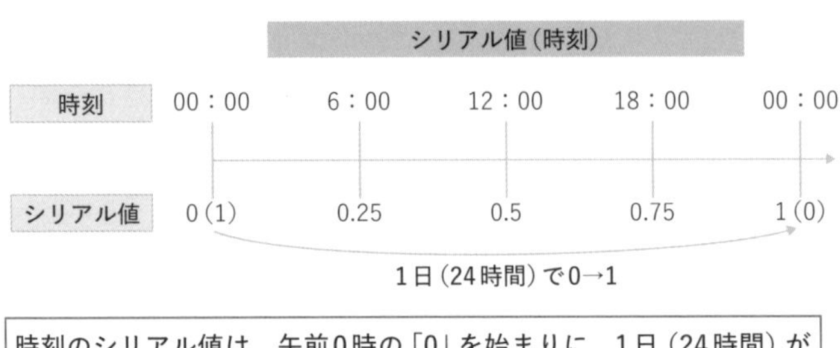

時刻のシリアル値は、午前0時の「0」を始まりに、1日（24時間）が経つと1になるよう、少数点で管理されている

「表示形式」で表示方法を決める

表示形式はデータの見せ方を変えるために存在します。たとえば「2024/1/1」は「2024年1月1日」と表現しても、「令和6年1月1日」と表現しても、同じ日を表しています。

日付は「シリアル値」で管理されていると解説しました。日付は「シリアル値」と「表示形式」の合わせ技で、その人に合わせた表現方法を実現しているのです。

■ 2024年1月1日のシリアル値は［45492］。
表示形式を［日付］にすると［2024/1/1］、［和暦］にすると［令和6年1月1日］が表示

表示形式は自由にカスタマイズすることができます。たとえば、**シリアル値から曜日を表示することもできます**。これを知っておけば曜日を手書きする必要がなくなります。

■ 表示形式の［ユーザー定義］で、オリジナルの表示形式を指定可能

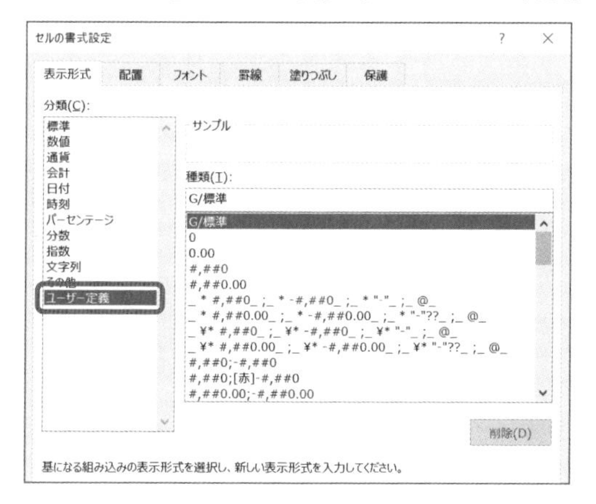

■ ［ユーザー定義］の設定例一覧

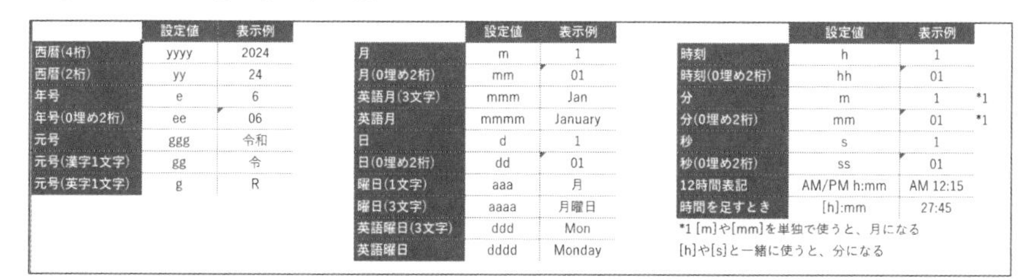

	設定値	表示例
西暦(4桁)	yyyy	2024
西暦(2桁)	yy	24
年号	e	6
年号(0埋め2桁)	ee	06
元号	ggg	令和
元号(漢字1文字)	gg	令
元号(英字1文字)	g	R

	設定値	表示例
月	m	1
月(0埋め2桁)	mm	01
英語月(3文字)	mmm	Jan
英語月	mmmm	January
日	d	1
日(0埋め2桁)	dd	01
曜日(1文字)	aaa	月
曜日(3文字)	aaaa	月曜日
英語曜日(3文字)	ddd	Mon
英語曜日	dddd	Monday

	設定値	表示例	
時刻	h	1	
時刻(0埋め2桁)	hh	01	
分	m	1	*1
分(0埋め2桁)	mm	01	*1
秒	s	1	
秒(0埋め2桁)	ss	01	
12時間表記	AM/PM h:mm	AM 12:15	
時間を足すとき	[h]:mm	27:45	

*1 [m]や[mm]を単独で使うと、月になる
[h]や[s]と一緒に使うと、分になる

■ ［ggge"年"m"月"d"日"］と設定すると［令和6年1月1日］になる

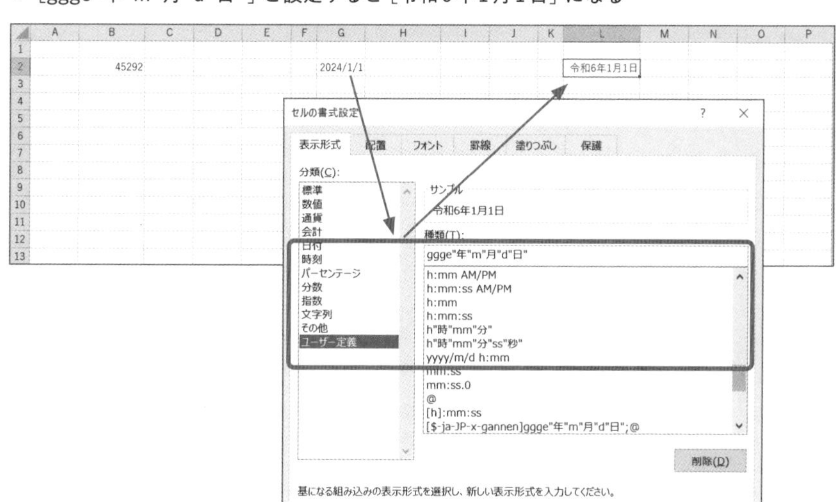

■ [mm/dd(aaa)] と設定すると [01/01(月)] になる

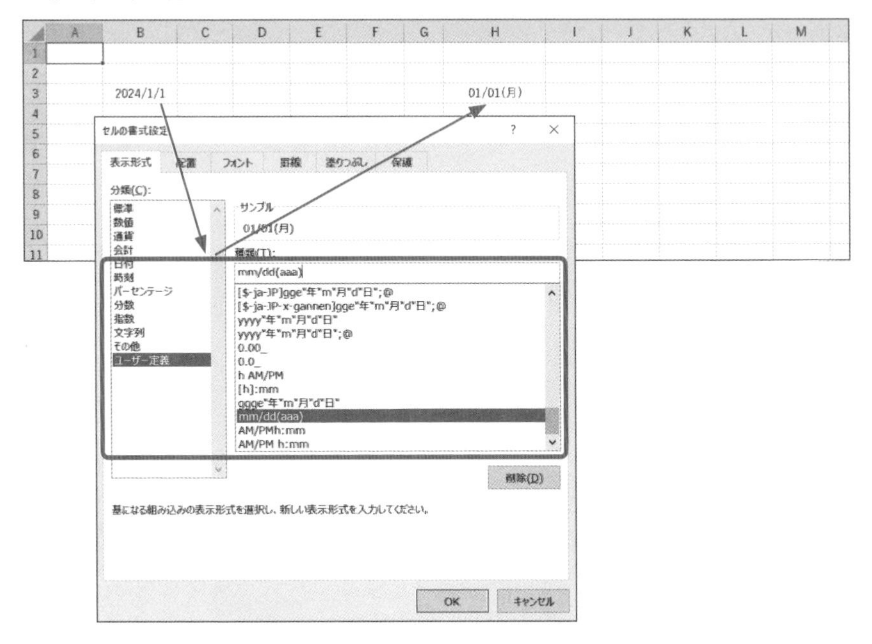

「装飾」でセルをデザインする

装飾はセルをお化粧する作業です。表示形式で整えたデータを、セルの書式設定を使って見栄えを華やかにします。セルの書式はホームタブから操作するか、Ctrl + 1 を押すと出てくる「セルの書式設定」から操作します。

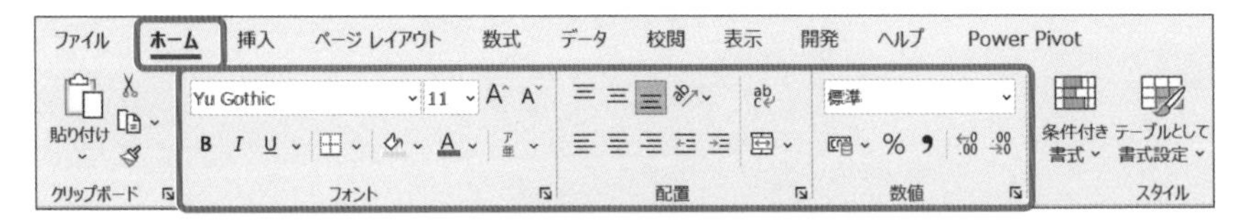

書式の設定は [ホーム] タブにある
Ctrl + 1 から操作する [セルの書式設定] からも、
書式を設定することができる

■「装飾」を操作する「セルの書式設定」一覧

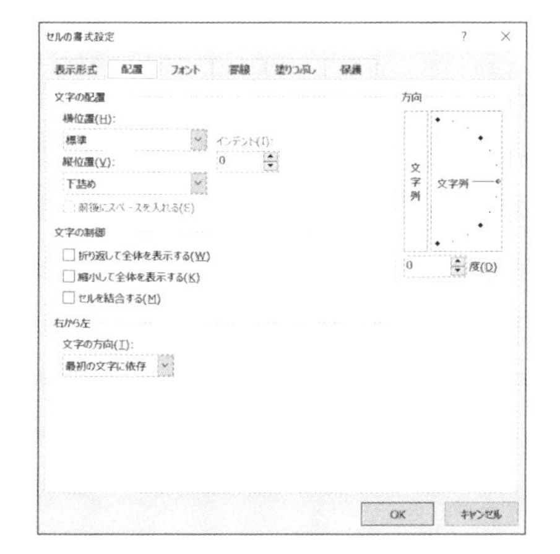

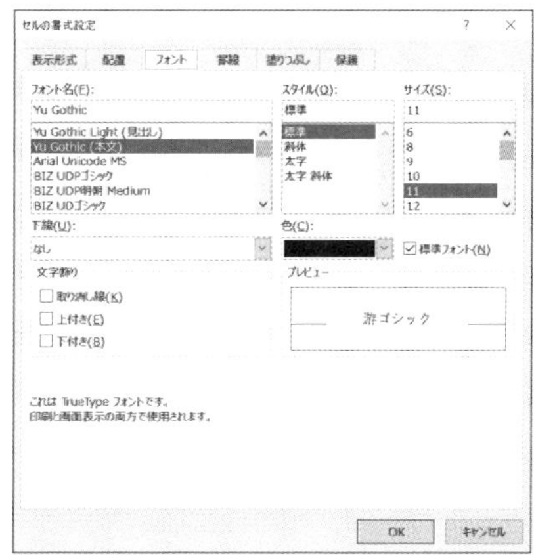

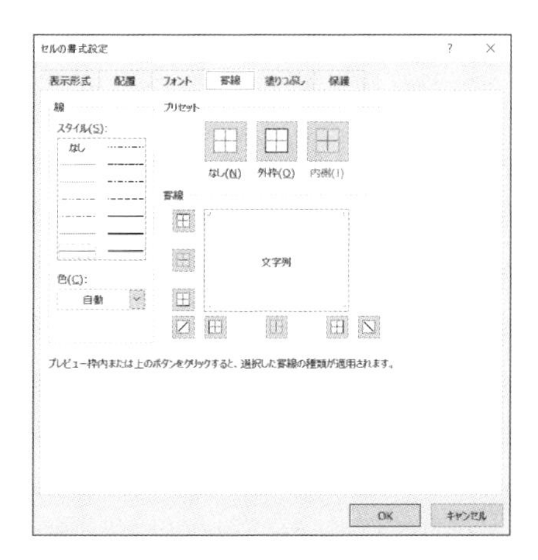

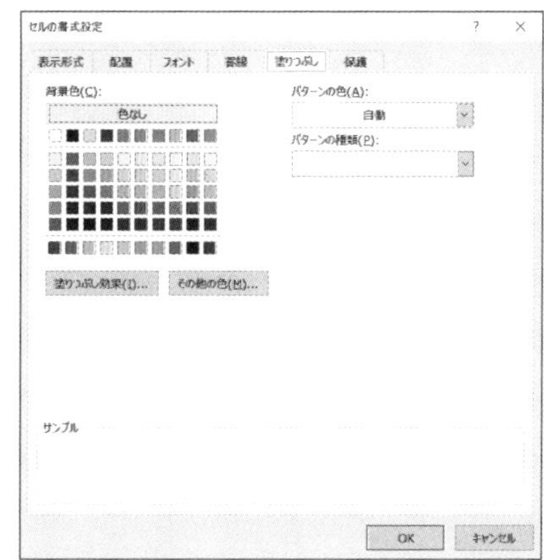

Point

- セルは「①番地、②データ、③表示形式、④装飾」の4階層
- 階層ごとに最適な設定をすることで、データをコントロールできる

Chapter 6
6-3

数式は「参照」を理解する

Excelは表計算ソフトと呼ばれるように、Excelの中で計算ができることが、WordやPowerPointにはないExcelならではの特徴として挙げられます。その中でも、**Excelにしかない概念で「参照」**というものがあります。

「参照」のおかげで自動作業が可能

A3セルに「=A1+A2」と書かれている場合、**A3セル**は**A1セル**と**A2セル**を参照していると言えます。つまり、セル同士を数珠のようにつなげて、**あるセルの値が変わると、他のセルの値を自動的に変えることができる**のです。

これがExcelの醍醐味であり、Excelを難しくしている要因でもあります。

ExcelがWordやPowerPointと違う点は、電卓のようにExcel上で計算をすることが前提になっている点です。こうした計算を前提とするソフトを「表計算ソフト」と呼ぶのですが、それを可能にしているのが、「数式」であり「参照」です。
まだちょっとわからないと思うので、もう少し詳しく解説していきます。

「数式」は自動計算のための仕組み

少し話がそれますが、表計算ソフトとして最初に登場したのは1979年に発売された「VisiCalc（ビジカルク）」というソフトです。VisiCalcが登場するまでは、計算はすべて電卓で行われていました。
VisiCalcの開発者ダン・ブルックリンは、大学で経営学を専攻していたとき、教授が黒板に書いていた計算式の間違いに途中で気づき、計算式の大部分を消して書き直すシーンを見てひらめきます。

「途中の数字を書き直すだけで、自動的に再計算できるソフトを作ろう」

こうして誕生したのがVisiCalcです。その系譜をExcelも引き継いでいて、**途中で数字が書き換えられても、自動で計算し直してくれる作り**になっています。

その仕組みを実現しているのが「数式」です。

「数式」や「関数」がきちんと使えるようになれば、ご存じの通り、Excelの活用の幅はグッと広がります。そのためには、数式や関数を見よう見まねで使うのではなく、仕組みをきちんと理解して使う必要があります。

数式はデータを参照している

数式とは、異なる2つのセルの数字を計算したり、文字をつなげたりすることをExcelに指令する機能のことです。「=」ではじまる入力を、Excelは「数式がはじまるぞ」と認識して、計算モードに入ります。

たとえば**D2セル**に「=2+3」と入力したら「5」と表示されます。

異なるセルの値を数式を使って計算すときは、それぞれのセルの番地を指定します。たとえば**B2セル**「2」、**C2セル**「3」とある場合、**D2セル**「=B2+C2」と入力すると「5」という数字が表示されます。

■ 数式を使うと、セルの値を使って計算ができる

	A	B	C	D
1				
2		2	3	5

	A	B	C	D
1				
2		2	3	=B2+C2

ここで知ってほしいことが1つ。**D2セル**のデータは「5」ではなく、次の図の通り「=B2 + C2」ということです。

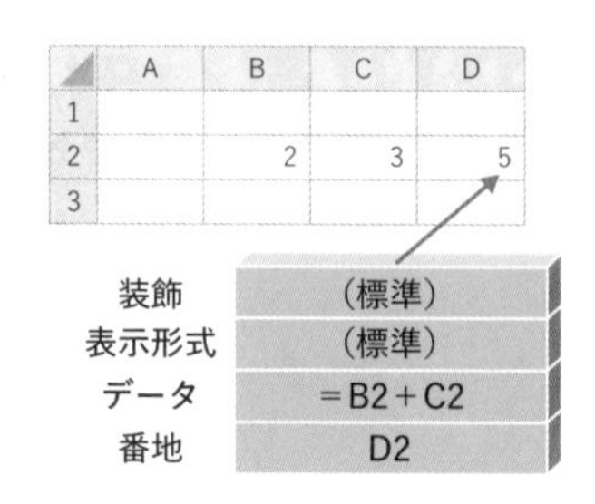

「5」は計算結果であって、データはあくまでも入力されている「= B2 + C2」という数式なのです。つまり、**セルの4階層の結果「5」と表示されているものの、実際には「= B2 + C2」がデータ**なのです。なぜ数式がデータのほうがいいかというと、参照先の内容が変わった場合に数式で自動的に計算結果を修正できるからです。

数式は参照先が動く

数式のあるセル（以降、「数式セル」と呼びます）のデータは、数式がデータであると説明しました。

ここで重要なのが、「数式の中の参照先は、動くことがある」ことです。

たとえば、**D2セル**をコピー（Ctrl + C）して、**D3セル**に貼りつけます（Ctrl + V）。すると、**D3セル**は「0」と表示されます。

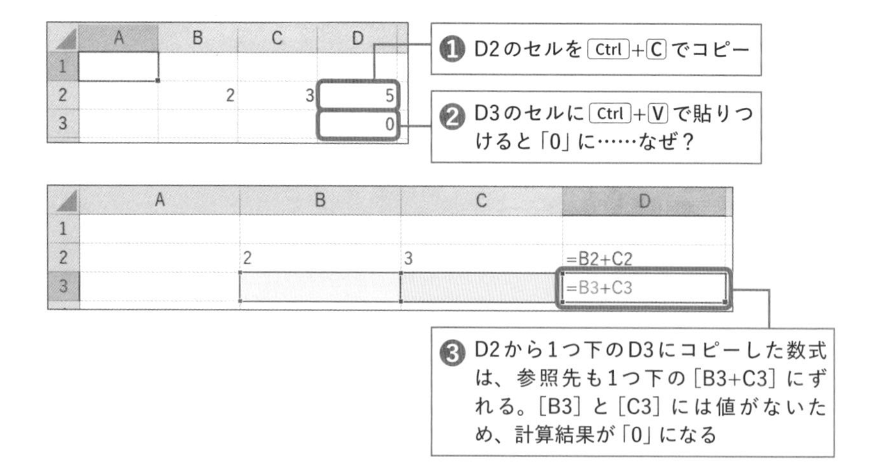

なぜかというと、1つ下のセルに貼りつけたのに合わせて、Excelは参照先のセル番地を、**B2セル**から**B3セル**へ、**C2セル**から**C3セル**へそれぞれ移動方向に1つずらし、「=B2+C2」から「=B3+C3」に変わったのです。

B3セルと**C3セル**にはデータがないので、当然、計算結果は「0」というわけです。

数式を使って別のセルを参照しているとき、そのセルを別のセルにコピーすると、**上下左右に動かした列数、行数の分だけ参照先の番地が増減する**のです。

なぜこのようなことが起きるかというと、セルを参照するときに、**「相対参照」**という方法で参照しているからです。

一方、**セルをコピーしても参照先を変えない方法もあります**。数式内のセル番地に$マークをつける方法で、これを**「絶対参照」**といいます。$マークは数式内の絶対参照にしたいセル番地にカーソルをあわせ、F4を押すことで付けることができます。

絶対参照でコピーすると、参照先がずれない

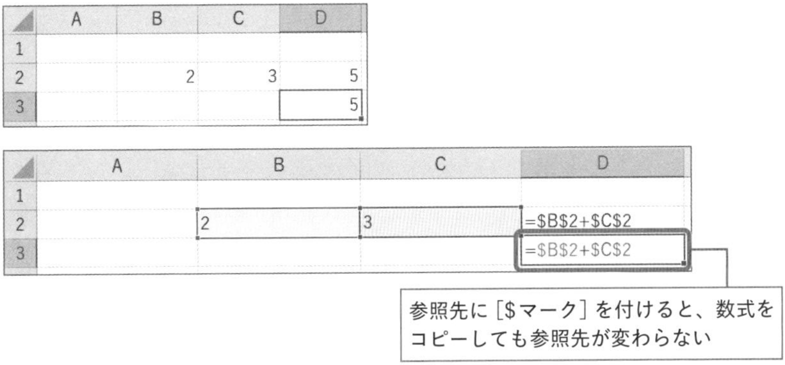

	A	B	C	D
1				
2		2	3	5
3				5

	A	B	C	D
1				
2		2	3	=$B$2+$C$2
3				=$B$2+$C$2

参照先に[$マーク]を付けると、数式をコピーしても参照先が変わらない

絶対参照では、$マークを付ける位置によって、行のみを固定したり、列のみを固定したりと変化をつけることができます。その違いは次の図表の通りです。たとえば、値段は一緒だけど、個数が変わる場合に、「値段の参照先は固定で、個数の参照先のみ変える」といった使い方が可能です。

■ F4 を繰り返し押すことで、絶対参照の＄が付く位置を変えられる

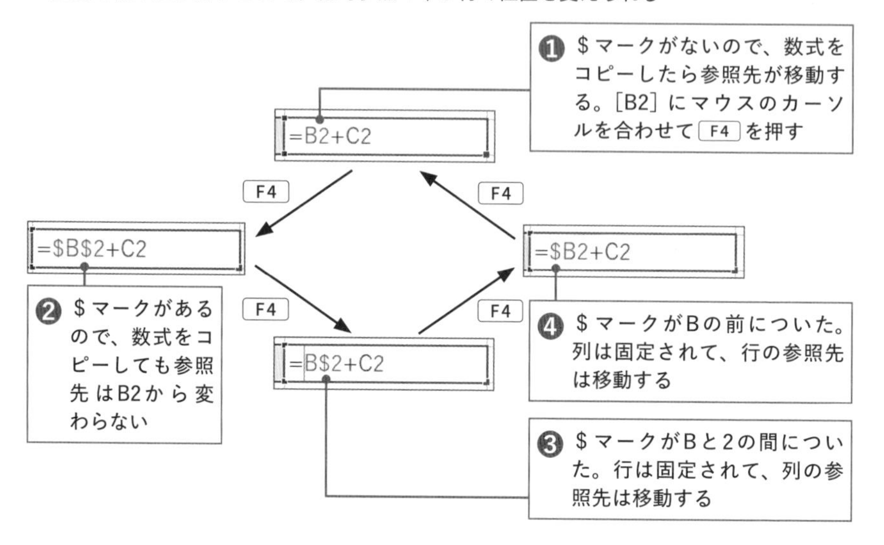

第4章でも、VLOOKUP関数の使い方を解説する中で、「絶対参照を使ってください」(100ページ) と解説しています。その理由は、ほかのセルにコピーするとき、参照範囲を動かしたくなかったからです。

①数式をほかのセルにコピーすると、動かした分だけ参照先が動いてしまう
②参照先に＄マークをつけることで、参照先が動かなくなる

この2つが、数式を使うときにもっとも気を付けてほしいポイントです。

Point

- 数式は「データを参照する」ための機能
- ずらしたくない参照先は、絶対参照で固定する

Chapter 6 6-4 「調べるマインド」がある人だけが手に入れるもの

ここまで「セルの基本構造」と、「セルの参照」について解説してきました。2つの特性は理解いただけたでしょうか。

この2つの構造を踏まえて、さまざまな関数や機能の使い方を理解することで、すべての機能を自由自在に使うことができます。

最後に「調べること」について、伝えさせてください。

分からないことを「すぐ調べる人」が最強

「セルの基本構造」と「セルの参照」が分かるようになると、Excelの理解が格段に上がります。

しかし、それだけでExcelのすべてを、何も見ずに使いこなせるかというと、難しいと思います。私も、調べる方法が何もなかったら、使えない機能はたくさんあります。

そこで、大切になるのが、「調べる力」です。ちょっと面倒くさいですが、「**分からないことを、分からないままにせず、調べて解決する力**」ともいえます。これが、最後にお伝えしたいメッセージです。

第6章の冒頭で書いた通り、私はExcelと自分で調べることが前提の環境で向き合ってきました。

先輩エンジニアに唯一教えてもらったのは、

「技術の進歩は早いから、分からないことは先輩に聞くより、ネットで調べたほうがいい。先輩の知識はすぐに陳腐化する」

というアドバイスでしたが、いまも教訓として残っています。

この本を通じて多くの知識が手に入ったと、そう感じていただければ幸いです。しかし、本に書かれた情報はExcelのほんの一部分です。そして、Excelは日々進化しています。

この本に書かれた使い方の順番は、不変のものと自負していますが、それを使う機能はいつ変わってもおかしくありません。

でも、「自分で調べる力」があれば、「セルの基本構造」と「セルの参照」という武器をベースに、新しい機能を調べたり、新しい関数に挑戦して、それらを使いこなし思い通りの成果物を生み出すことができます。

「できない…できない…、できた！」の1勝に価値がある

繰り返しになりますが、Excelが得意な人はすべての関数・機能を覚えているわけではありません。必要な関数・機能を必要なときに、ネットで調べながら使っています。

当然、最初から得意だったわけではありません。何度も壁にぶち当たり、間違って、それでもめげずに試行錯誤を繰り返した結果、一人前になっているはずです。私もその1人です。

勘違いしてほしくないのは、「人にアドバイスを求めるな」という意味ではありません。人にアドバイスを求めたほうが良い場面もたくさんあります。でも、「受け身にならないでほしい」と思っています。

「分からないから諦めよう」
「分かる人に教えてもらえばいいや」
「また聞けばいいや」

この姿勢は、自身の成長を止める呪いの言葉だと私は考えています。

本書を手に取っていただき、ここまで読み進めてくれた皆さんは、Excelが上達したいと思っているに違いありません。

読み終えたあとも、失敗を恐れず、受け身にならず、果敢に挑戦してExcelの

知見を広めてほしい。新しい機能、新しい関数をネットで調べて、使ってみて、試行錯誤を繰り返して自分のものにしてほしい。

そう願いを込めて、本書を締めさせていただきます。

Point

- 「分からないから、諦めよう」→「分からないから、調べよう」

おわりに

みっちーです。本書を読んでいただき、ありがとうございます。

本書は、約20年前の私に向けて書いた本です。

私は学生時代に大きな挫折を経験します。
大学では情報工学科を専攻しました。情報工学科とは、システムエンジニアを養成する学科です。入学して分かったのですが、同級生の多くは入学前から、パソコン知識が豊富でした。
一方、私はパソコンを触ったことすらなし。そんな中、同級生と並んで、1年目からプログラミングの授業を受けたのです。授業にはまったくついていけず、不安な日々を過ごしたのをいまでも鮮明に覚えています。

どうにか大学を卒業し、晴れてエンジニアとして社会人デビューを果たします。そして、ありがたいことにExcelの本を書くまでに至りました。すべての原体験は、学生時代の挫折に遡ります。

「はじめに」の冒頭で、Excelに関する悩みや不安を書き出しました。

すべて、私も経験した悩みや不安です。

不安を経験したからこそ、Excelをはじめ、ITの分かりづらさ、取っつきにくさは、誰よりも理解していると自負しています。
いまだから分かりますが、日本はIT人材が本当に少ないです。
そんな中なので、Excelを修得するだけでも貴重な戦力として重宝されます。
Excelを修得することは、簡単ではないかもしれません。

「分かりづらい、取っつきにくい」と挫折する人が多いのも現実です。

でも、本書の端々で解説してきた通り、修得した先に明るい未来が待っていることは、お約束します。

最後になりましたが、本書をここまで読んでくださった皆様にプレゼントがあります。

本書で紹介したExcelファイルは、下記のLINEからダウンロードすることができます。さらに勉強したい、Excelの理解を深めたいという人は、ぜひダウンロードしてみて、自分なりに研究してみてください。

最後に、本書の出版に至ったのはXフォロワーの皆様、noteフォロワーの皆様のおかげです。

日々、皆様に価値ある情報を届けるというモチベーションと、励ましのコメントのおかげで、発信を継続することができ、今回のきっかけをつかみました。この場を借りて感謝申し上げます。

次に、本書の執筆のきっかけを作ってくださったソシム株式会社のご関係者様に御礼申し上げます。また、お忙しい中、イラスト作成に応じていただいた、にしたけくみ様、いつもありがとうございます。

ぜひ、本書を通じて学んだ結果を、私宛にポスト頂ければうれしいです。

本書を通じて、ひとりでも多くの人がExcelを自分の武器にして頂ければ、これ以上の喜びはありません。

[著者]
みっちー
マーケティング部所属の現役システムエンジニア。
1982年生まれ。大学卒業後、システム会社でエンジニアとして6年間勤務。その後、国内大手企業の情報システム部へ転職。以来12年以上にわたり、社内システムエンジニアとして活躍。入社まもなく、IT化が進む中で社内のIT意識の低さに危機感を持ち、社内向けのExcelセミナーを開催した所、定員超えで大反響を博す。以来、ITお助け隊として社内のあらゆるパソコンの悩みを解決。そこで培った知識をベースにX（旧Twitter）でパソコンスキルを発信したところ、6カ月で1万フォロワー超え。現在は5万フォロワー超えに。
「学生時代に習えなかったパソコンスキルを普及させ、国民のITリテラシーの健全な向上に少しでも貢献する」ことをモットーに、日々の発信活動を行っている。
本書が初の著書。
X　@mittii_biz

Excelゼロ
小手先のテクニックの前に知っておくべきこと

2024年4月5日　初版第1刷発行

著　者　　みっちー
発行人　　片柳秀夫
編集人　　志水宣晴
発　行　　ソシム株式会社
https://www.socym.co.jp/
〒101-0064 東京都千代田区神田猿楽町1-5-15　猿楽町SSビル
TEL　(03) 5217-2400 (代表)
FAX　(03) 5217-2420
カバーデザイン　大場君人
本文デザイン・DTP　BUCH+
本文イラスト　にしたけくみ
印刷・製本　シナノ印刷株式会社

定価はカバーに表示してあります。
落丁・乱丁は弊社編集部までお送りください。送料弊社負担にてお取替えいたします。
ISBN978-4-8026-1454-2